高等职业院校信息对抗技术系列规划教材

合成孔径雷达对抗基础

王晓玉　许文强　张海波　许定根　潘国平　**主编**

国防工业出版社

·北京·

内 容 简 介

本书全面介绍了合成孔径雷达(SAR)技术及其在电子对抗中的应用,系统阐述了 SAR 成像原理、电子侦察与干扰技术。书中深入分析了 SAR 的工作机理与对抗技术,重点探讨了压制性干扰与欺骗性干扰的核心技术,并通过实战案例展示了 SAR 在军事侦察、战术监视及民用领域中的广泛应用与发展潜力。

全书结构严谨,内容涵盖 SAR 的基本理论、技术实现及在电子对抗中的具体应用,理论与实践紧密结合,具有较强的系统性与实用性,展现了该技术在战略侦察、战场态势感知与目标识别等方面的不可替代性。本书可作为高等院校相关专业的教学参考书,也适合航天、军事及电子对抗等领域的科研人员与工程技术人员阅读。

图书在版编目(CIP)数据

合成孔径雷达对抗基础 / 王晓玉等主编. -- 北京:国防工业出版社, 2025.7. -- ISBN 978-7-118-13727-9

Ⅰ. TN958

中国国家版本馆 CIP 数据核字第 2025JK9677 号

※

国防工业出版社 出版发行

(北京市海淀区紫竹院南路 23 号 邮政编码 100048)
北京虎彩文化传播有限公司印刷
新华书店经售

*

开本 710×1000 1/16 印张 12 字数 192 千字
2025 年 7 月第 1 版第 1 次印刷 印数 1—1200 册 定价 88.00 元

(本书如有印装错误,我社负责调换)

国防书店:(010)88540777	书店传真:(010)88540776
发行业务:(010)88540717	发行传真:(010)88540762

前　言

合成孔径雷达（synthetic aperture radar，SAR）是一种具有全天候、全天时、大尺度、远距离连续观测能力的主动式微波相干成像装置，广泛应用于现代对地观测系统和侦察监视系统。在军事领域，尤其是星载 SAR 以其高分辨率、快速覆盖和全球监测能力，在战略侦察和战术监视中发挥核心作用；在民用领域，SAR 也在灾害监测、环境保护和资源调查等方面展现了巨大潜力。随着技术的发展和应用需求的扩大，SAR 的研究和应用已成为现代科学技术和国防工业的重要组成部分。

对 SAR 进行侦察与干扰是当前电子对抗领域的核心研究方向，旨在削弱对方信息获取能力，同时保护己方的信息安全与优势地位。SAR 凭借其卓越的探测能力，在战场态势感知和目标识别中具有不可替代的作用。然而，针对 SAR 的电子侦察与干扰技术也在快速发展，这对现代战争模式和技术应用提出了更高要求。

从技术角度来看，SAR 工作机理复杂，涵盖雷达信号处理、高分辨率成像和目标识别等多个领域。对 SAR 的侦察与干扰研究不仅需要扎实的理论基础，还需结合工程实践和实战经验。本书系统分析 SAR 电子对抗技术的核心原理和实战应用，旨在为初学者和专业人员提供理论指导与实践参考。

本书针对航天领域专业学员和 SAR 对抗领域的入门者设计，内容兼顾理论系统性与实践应用性，突出 SAR 技术在军事和民用领域的应用价值。与现有相关书籍相比，本书注重基础理论与现代技术发展的结合，避免内容烦琐、理论脱离实际的问题，同时也适合工程技术人员和研究人员参考。

全书共分为 5 章，结构逻辑清晰，条理分明。第 1 章介绍 SAR 的基本概念、发展历程、应用以及 SAR 对抗的基本概念；第 2 章阐述 SAR 的系统组成、分类、工作原理、SAR 成像关键技术、雷达方程与典型 SAR 系统等；第 3 章讨论 SAR 电子侦察技术，分析侦察系统组成、基本原理与功能及电子侦察技术可行性；第 4 章介绍 SAR 电子干扰技术，包括干扰系统组成、干扰方法与技术、干扰系统任务及程序、电子干扰方程、电子干扰技术可行性；第 5 章结合实战案例，探讨 SAR 技术在军事与民用领域的应用及其发展趋势等，同时展望 SAR 对抗技术的未来发展方向。

  本书由王晓玉讲师主笔，许文强讲师和张海波副教授协助完成资料收集与整理工作，许定根副教授和潘国平副教授协助完成书稿校正等工作，得到了多位领域专家的支持，在此深表感谢。本书力求内容严谨、体系完善，但由于作者水平有限，难免存在疏漏之处，恳请广大读者批评指正，以便进一步完善。

  本书不仅是一本教学参考书，更希望能为 SAR 对抗技术的发展贡献力量，帮助读者在该领域建立系统知识框架，激发对 SAR 对抗技术的兴趣，并为未来的学习与研究提供启示和支持。

编者
2024 年 12 月于北京昌平

目 录

第1章 绪论 ··· 1
第1节 合成孔径雷达概述 ··· 1
1.1.1 雷达基本概念 ·· 2
1.1.2 合成孔径雷达基本概念 ·· 2
1.1.3 工作特点 ·· 5
第2节 合成孔径雷达发展历程 ·· 6
1.2.1 国外发展历程 ·· 6
1.2.2 国内发展历程 ··· 12
第3节 合成孔径雷达应用 ··· 13
1.3.1 军事应用 ·· 13
1.3.2 民事应用 ·· 16
第4节 合成孔径雷达对抗概述 ·· 18
1.4.1 雷达对抗基本概念 ·· 18
1.4.2 合成孔径雷达对抗基本概念 ·· 21
1.4.3 合成孔径雷达对抗基本方法 ·· 22
练习题 ·· 24
参考文献 ··· 25

第2章 合成孔径雷达系统组成与工作原理 ··· 26
第1节 系统组成 ·· 26
2.1.1 雷达装载平台 ·· 27
2.1.2 雷达传感器 ··· 28
2.1.3 情报处理系统 ·· 29

v

第 2 节　合成孔径雷达分类 …… 30
2.2.1　按装载平台分 …… 30
2.2.2　按雷达与目标的相对运动分 …… 36
2.2.3　按成像工作模式分 …… 37
2.2.4　按信号处理分 …… 46
2.2.5　按成像维度分 …… 46
2.2.6　其他分类 …… 46

第 3 节　合成孔径雷达工作原理 …… 47
2.3.1　信号特征 …… 47
2.3.2　方位向分辨率 …… 48
2.3.3　距离向分辨率 …… 50

第 4 节　合成孔径雷达成像关键技术 …… 54
2.4.1　合成孔径雷达成像几何技术 …… 55
2.4.2　合成孔径雷达目标几何技术 …… 57

第 5 节　雷达方程 …… 59
2.5.1　常规雷达方程 …… 59
2.5.2　合成孔径雷达方程 …… 62
2.5.3　方程讨论 …… 65

第 6 节　典型合成孔径雷达系统 …… 66
2.6.1　Radarsat 系列 …… 66
2.6.2　"长曲棍球"系列 …… 67
2.6.3　TerraSAR-X 系统 …… 68
2.6.4　欧洲航天局的系列 SAR 卫星 …… 68
2.6.5　SAR-Lupe 系统 …… 69
2.6.6　Almaz（钻石）系列 …… 69
2.6.7　Cosmo-Skymed 雷达成像卫星 …… 70
2.6.8　HISAR 系统 …… 70
2.6.9　PAMIR 系统 …… 71

练习题 …… 72

参考文献 …… 73

第3章 合成孔径雷达电子侦察技术 …… 75

第1节 概述 …… 75
3.1.1 电子侦察的定义与意义 …… 76
3.1.2 合成孔径雷达电子侦察的特点 …… 76

第2节 侦察系统组成 …… 79
3.2.1 侦察平台 …… 79
3.2.2 侦察载荷 …… 84
3.2.3 信号处理与数据分析 …… 86

第3节 雷达侦察载荷基本原理与功能 …… 89
3.3.1 雷达侦察的基本概念及内容 …… 90
3.3.2 雷达侦察的分类 …… 92
3.3.3 雷达侦察的基本特点 …… 94

第4节 雷达侦察载荷技术及应用 …… 95
3.4.1 基本组成与功能分工 …… 95
3.4.2 对现代雷达侦察载荷的要求 …… 98

第5节 合成孔径雷达电子侦察方程 …… 102
3.5.1 雷达侦察方程 …… 102
3.5.2 合成孔径雷达电子侦察方程 …… 103

第6节 合成孔径雷达电子侦察技术可行性 …… 107
3.6.1 对星载SAR的侦察技术可行性 …… 107
3.6.2 对机载SAR的侦察技术可行性 …… 109
3.6.3 对弹载SAR的侦察技术可行性 …… 110
3.6.4 对地基SAR的侦察技术可行性 …… 111
3.6.5 小结 …… 111

练习题 …… 112
参考文献 …… 114

第4章 合成孔径雷达电子干扰技术 …… 115

第1节 概述 …… 115
4.1.1 电子干扰的定义与意义 …… 115
4.1.2 合成孔径雷达电子干扰的特点 …… 116

第2节 干扰系统组成 · 118
- 4.2.1 干扰平台 · 119
- 4.2.2 干扰设备 · 125
- 4.2.3 信号产生与发射 · 128
- 4.2.4 小结 · 135

第3节 干扰方法与技术 · 135
- 4.3.1 雷达干扰分类 · 136
- 4.3.2 压制性干扰 · 139
- 4.3.3 欺骗性干扰 · 143
- 4.3.4 无源干扰 · 143
- 4.3.5 低功率干扰与智能干扰 · 146
- 4.3.6 综合干扰方法 · 147

第4节 雷达干扰系统任务及程序 · 148
- 4.4.1 雷达干扰的基本任务 · 148
- 4.4.2 实施雷达干扰的基本程序 · 150

第5节 合成孔径雷达电子干扰方程 · 154
- 4.5.1 雷达干扰方程 · 154
- 4.5.2 合成孔径雷达干扰方程 · 155
- 4.5.3 合成孔径雷达干信比 · 156

第6节 合成孔径雷达电子干扰技术可行性 · 156
- 4.6.1 对星载合成孔径雷达的干扰技术可行性 · 157
- 4.6.2 对机载合成孔径雷达的干扰技术可行性 · 158
- 4.6.3 对弹载合成孔径雷达的干扰技术可行性 · 160
- 4.6.4 对地基合成孔径雷达的干扰技术可行性 · 161

练习题 · 163

参考文献 · 164

第5章 合成孔径雷达对抗实战应用 · 166

第1节 典型案例分析 · 166
- 5.1.1 军事对抗中的合成孔径雷达侦察与干扰 · 166
- 5.1.2 民用领域的对抗应用 · 167

第 2 节　对抗系统设计考虑 …………………………………… 168
5.2.1　系统架构 ……………………………………………… 168
5.2.2　设计原则 ……………………………………………… 169
5.2.3　实施策略 ……………………………………………… 170
第 3 节　未来发展趋势 …………………………………………… 170
5.3.1　新技术应用 …………………………………………… 170
5.3.2　面临的挑战 …………………………………………… 172
练习题 ……………………………………………………………… 173
参考文献 …………………………………………………………… 174
练习题参考答案 …………………………………………………… 176

第1章 绪论

随着信息化战争的推进,航天技术日益成为现代军事力量的重要支柱,其中合成孔径雷达(synthetic aperture radar,SAR)以其全天候、全天时、高分辨率成像能力在军事侦察与情报获取中占据核心地位[1-3]。SAR 通过雷达装载平台的运动模拟实现大孔径效果,克服了传统雷达分辨率受限于高度和天线尺寸的技术瓶颈,广泛应用于星载、机载、弹载及地基等平台,其独特的技术特性,使其能够在复杂战场环境中精准探测隐蔽目标,对战场态势感知、动目标监测、精确打击等任务提供关键支持。

SAR 技术的广泛应用也引发了针对其的对抗需求。敌方 SAR 系统凭借优越性能获取我方战场情报,对我军安全构成威胁。SAR 对抗作为电子战的重要分支,旨在通过干扰或欺骗手段破坏 SAR 成像能力,降低其情报获取效率,延迟或削弱敌方作战效能。这一对抗不仅针对雷达传感器本身,还涵盖数据传输链路和地面处理系统,形成对 SAR 系统的多层次干扰。

本章将从 SAR 的基本概念、发展历程与应用领域出发,系统阐述其技术原理与工作特点;同时引入 SAR 对抗技术的基本概念与方法,铺垫全书对 SAR 对抗技术体系的深入探讨,为读者理解现代电子战与信息对抗的内在逻辑提供理论基础与实践方向。

第1节 合成孔径雷达概述

随着航天技术的迅速发展,各类航天装备在现代战争中的作用日益凸显,成为提升作战效能的重要力量[3]。其中 SAR 卫星,也就是安装有 SAR 传感器的卫星,一直是航天大国发展的重点。目前 SAR 卫星的地面分辨率不及光学成像卫星,但是其成像不受光照条件、气象条件的限制,可全天时、全天候观测,善于对伪装隐蔽目标成像,在民事和军事方面具有重要的应用价值。SAR 是一种成像雷达,它通过雷达装载平台和被观测目标之间的相对运动,在一定的积累时间内,将雷达在不同空间位置上接收的宽带回波信号进行相干处理获得目标二维图像,从而使人们真正看到目标的真实图像。

1.1.1 雷达基本概念

雷达是英文 Radar 的音译,源于 radio detection and ranging 的缩写,意思是无线电探测和测距。雷达是通过发射电磁波和接收目标回波,对目标进行探测和测定目标信息的设备。因此,雷达的主要作用是利用无线电波实现目标的检测和测距。

雷达的三大任务是测距、测角和测速。其中,测距指的是测量目标到雷达的距离;测角指的是测量目标的空间位置,包括目标的方位角和俯仰角;测速指的是测量目标的速度。

测距原理是电磁波的直线传播和目标的散射特性。以单脉冲雷达为例,发射机发射一串高频电磁波,雷达接收机接收目标回波,这样发射信号与回波信号存在滞后时间,通过测量这个滞后时间就能得到目标到雷达的距离。

【例】 设某型雷达接收到的目标回波相对于主波时延为 $100\mu s$,计算目标到雷达的距离。

解:根据 $R = 0.15 t_R$,计算得 $R = 15\text{km}$。

测角原理是电磁波在均匀介质中传播的直线性和雷达天线的方向性。测角常采用的方法是最大信号法。雷达天线波束做匀角速扫描,雷达接收机回波信号最强时刻,波束轴线指向即目标所在方向。

测速的基本原理是利用多普勒频移现象,当目标物体与雷达之间存在相对运动时,接收的回波信号频率会与发射信号频率产生频率偏移,这种频率偏移被称为多普勒频移。具体而言,当目标向雷达靠近时,接收频率高于发射频率,表现为正频移;当目标远离雷达时,接收频率低于发射频率,表现为负频移。通过分析这一频率偏移,可以精确计算目标的相对速度。

1.1.2 合成孔径雷达基本概念

尽管雷达具有测距、测角、测速的功能,但在实际的应用中,人们期望雷达不仅能显示简单的尖头脉冲或亮点,还能够像照相机一样获取清晰的图像。因此,设计出可以全天时、全天候工作的雷达,通过在雷达屏幕上看到目标的真实图像,便于遥感、测绘、对抗等应用,显得至关重要。

随着雷达技术的发展,成像雷达的出现扩展了原始的雷达概念,其根本原理是采用各种方法来提高雷达的诸维分辨率,使其分辨单元的尺寸远小于被成像目标的尺寸,从而得到目标不同部位的信息,构成雷达图像[5-6]。

普通航空摄影发展成熟,使用其进行成像看起来已经足够满足需求,为什么还需要使用雷达来进行成像呢？这是因为普通航空摄影利用太阳光作为照明源。而 SAR 属于侧视成像雷达,利用发射的电磁波作为照射源,与常规雷达的结构大体相似。图 1.1 给出普通航空摄影与合成孔径雷达的区别。

图 1.1 普通航空摄影与合成孔径雷达区别

既然常规雷达已经克服了普通航空摄影依赖太阳光的不足,为什么还需要发展 SAR 呢？这里首先给出常规雷达和 SAR 的简单对比。

在常规雷达系统中,角度分辨率由电磁波辐射波长和天线尺寸之比决定。而图像空间分辨率等于角度分辨率与雷达传感器至地球表面的距离之积,这样当雷达传感器增加高度时,如果不增加天线尺寸,空间分辨率就会降低。SAR 解决侧视雷达影像,分辨率难以提高的难题,雷达成像的方位分辨率与天线尺寸、距离高度无关。通过与常规雷达系统的对比,SAR 应运而生。与常规雷达系统依赖天线尺寸和平台高度来决定分辨率不同,SAR 能够实现独立于距离高度的高方位分辨率。

为了不增加天线尺寸而又获得高分辨率,需要采用合成孔径技术。SAR 正是利用装载在空中或空间飞行平台上的小尺寸天线与目标之间的相对运动来获得有效的多普勒带宽,并通过相干信号处理的方法来实现方位向和距离向的二维高分辨成像。SAR 成像中,方位向指的是测绘区域内与雷达飞行轨迹平行的方向,通常与雷达的运动方向一致;而距离向指测绘区域内垂直于飞行轨迹的方向,与雷达到目标的直线距离相关。方位向和距离向共同定义了 SAR 图像的二维空间,分别对应目标的水平分布和垂直距离信息[4,6]。图 1.2 给出了侧视 SAR 工作过程。

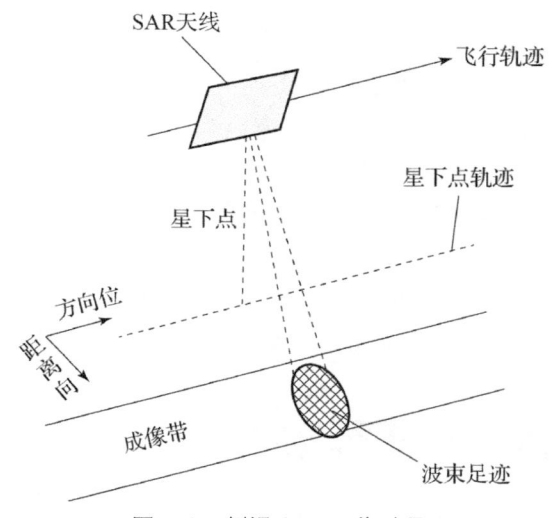

图 1.2 侧视 SAR 工作过程

据此，本书给出 SAR 的定义：SAR 是一种成像雷达，它通过雷达装载平台和被观测目标之间的相对运动，在一定的积累时间内，将雷达在不同空间位置上接收的宽带回波信号进行相干处理获得目标二维图像，从而使人们真正看到目标的真实图像。

SAR 具有三个重要的特性：全天时和全天候成像，几何分辨率与传感器高度及波长无关，在电磁频谱中微波波段具有独有的信号数据特性。

SAR 系统的数据流程如图 1.3 所示。

图 1.3 SAR 系统的数据流程

雷达发射机按照预先编程的脉冲持续时间和脉冲重复周期发射某种频率编码或相位编码相干脉冲信号，尤其以频率编码最为常用。频率编码可以分为线性与非线性调频两类。雷达接收机接收地面回波信号，其工作脉冲与回波信号的时序如图 1.4 所示，τ_0 为发射脉冲持续时间，τ_w 为接收回波脉冲持续时间，T_r 为脉冲重复周期。

雷达接收的地面回波信号经编码后，由数传设备发送给地面数据处理系统，经地面数据处理系统进行成像处理生成图像产品。

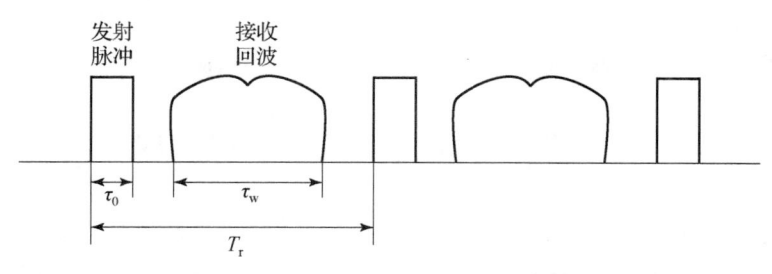

图1.4 SAR工作脉冲与回波信号的时序

1.1.3 工作特点

1)可以全天时、全天候工作

相较于光学成像的被动成像方式,雷达通过发射电磁波照射目标进行成像,是一种主动式的成像方式,成像时不受光照条件影响,可以全天时工作。同时,SAR卫星发射的电磁波具有较强投射性,不受云、雾、雪的影响,雨对其的影响也有限,具有全天候观测的特点。

2)可以高分辨、宽幅成像

对于普通雷达,高距离分辨率是通过发射宽带信号并采用脉冲压缩技术实现的,这种技术能够在有限的带宽下提高目标的距离分辨能力。而高方位分辨率依赖雷达的大天线孔径,通过增大天线尺寸来实现更窄的波束,从而提升分辨率[7]。通过增大真实孔径雷达的天线孔径来获得满足侦察要求的方位向分辨率,在星载条件下显然是不现实的。

对于SAR,利用合成孔径的方法增大天线孔径,通过脉冲压缩技术来提高距离向分辨率,具有距离向和方位向二维的高分辨率,而且分辨率不受卫星飞行高度的影响,可以实现大幅面对地观测。

3)对地表和植被具有一定的穿透能力

SAR能识别伪装,发现地下军事设施。例如,美国"长曲棍球"SAR不仅能够追踪舰船和装甲车辆的活动,监视机动或弹道导弹,还能够识别伪装的武器、辨别假目标,并探测地下数米深的设施[8]。

4)具有多极化观测能力

雷达系统常用极化方式有水平发射水平接收、垂直发射垂直接收、水平发射垂直接收、垂直发射水平接收,其中前两种为同向极化,后两种为交叉极化。

极化是微波的一个突出特点,极化方式不同,返回的图像信息也不同。因此,图像解译时,可以利用全极化 SAR 获得的地物不同极化特征来提高地物的分类精度。

第 2 节　合成孔径雷达发展历程

SAR 是一种主动传感器,不受光照和气候条件的限制,能够全天候、全天时对地观测,并具备穿透地表和植被获取地下信息的能力[1-2,9]。这些特性使其在农业、林业、地质、环境、水文、海洋、灾害监测、测绘以及军事领域展现出独特优势。因此,SAR 受到了各国政府的高度关注和支持。在短短 60 余年的发展中,SAR 技术从概念提出到星载系统的广泛应用经历了快速演进,各项技术也持续完善与进步。

1.2.1　国外发展历程

SAR 技术最早起源于美国,并在欧美发达国家不断得到改进与应用扩展[3,10]。与许多其他高新技术类似,欧美发达国家在 SAR 的前沿理论、关键技术和先进方法方面处于领先地位。这种技术优势使其在全球范围内的应用领域持续拓展。国外 SAR 的发展历程可分为起步、发展和成熟三个阶段。

1.2.1.1　起步阶段

1951 年,美国 Goodyear 宇航公司的 Carl Wiley 首次提出了通过多普勒频移改善方位分辨率的概念,即"多普勒波束锐化"(doppler beam sharpening,DBS)。这一技术通过分析雷达运载平台(如飞机或卫星)与地面目标之间相对运动引起的多普勒频率变化,提高了雷达的方位分辨率,标志着 SAR 技术的诞生。在随后几年中,该技术取得了重要的研究进展。SAR 早期概念是:在移动平台上,雷达不断发射和接收信号,并对一段时间内接收到的信号进行相干综合处理,从而获得更高方位分辨率[11-12]。这一原理为 SAR 在现代成像雷达中的广泛应用奠定了技术基础。

1952 年,美国伊利诺伊大学的研究团队首次利用安装在 C-46 飞机上的 X 波段雷达数据,对佛罗里达州的一片区域进行了 SAR 成像实验,生成了历史上第一幅实验性的 SAR 图像[10-13]。这一成果验证了 SAR 成像理论的正确性,为后续技术的进一步发展奠定了科学基础。

1953 年夏,美国密歇根大学召开的暑期讨论会成为 SAR 技术发展的重要里程碑[13]。在会上,众多研究人员首次提出通过利用载机的运动,构造出虚拟天线阵列,从而实现天线孔径综合的大尺寸线性阵列的概念,即合成孔径理论。该会议还制定了 SAR 技术的发展规划,并推动了第一个 SAR 实验系统的诞生。然而,由于当时成像处理技术的局限性,早期 SAR 仅能采用非聚焦处理方法,即不对回波相位进行补偿,而是直接进行频谱分析,生成的图像分辨率较低。

20 世纪 50 年代中后期,由于电子计算能力的不足,SAR 成像仍依赖模拟电子处理器完成,这对大数据量的存储和处理提出了极高的要求。密歇根大学的雷达与光学实验室团队开发了一种新的处理方法:将雷达数据记录在胶片上,通过光学透镜组完成信号的合成处理。1957 年 8 月,该团队的 SAR 系统进行了飞行测试,通过记录距离、方位、幅度和相位等回波参数,并使用光学方法对数据进行处理,成功生成了第一幅高分辨率全聚焦 SAR 图像。这一突破标志着 SAR 技术从理论研究迈向了工程实践的阶段[12]。聚焦式 SAR 成像通过对接收信号进行精确相位补偿,显著提高了图像质量。

从此,SAR 技术迅速发展,并被广泛应用于多种民用领域。例如,它在地形测绘、海洋研究、冰川监测等方面展现了强大的技术优势。相比传统光学摄影测绘,SAR 技术不受天气和光照条件的限制,能够全天候工作。此外,SAR 还具备成像范围广、分辨率一致的特点,并支持多频段和多极化方式,使其能够提供目标更丰富的特征信息[12-14]。这些优势使 SAR 在军事侦察、地质勘探、灾害预警和环境监测等领域的重要性日益凸显。

自 SAR 技术问世以来,各国高度重视其发展,竞相投入科研力量以推动 SAR 的创新与应用。凭借全天候工作的特性和高效的信息获取能力,SAR 逐渐成为现代遥感与侦察领域的重要技术工具。

到 20 世纪 70 年代,电子技术尤其是大规模集成电路技术的迅猛发展,为 SAR 的数字成像处理奠定了技术基础。数字成像处理以其数据处理灵活性、误差校正能力和实时处理潜力,迅速成为 SAR 处理器的主流技术。这一技术进步不仅克服了传统模拟处理方法的诸多限制,还大幅提升了 SAR 图像的精度和实时性。特别是大容量数据存储与高速处理技术的突破,使 SAR 系统能够被安装在轨道卫星上,实现对地表的广域、高分辨成像。

1978 年 6 月,美国航空航天局(National Aeronautics and Space Administration,NASA)发射了搭载 SAR 系统的 Seasat – A 卫星,这标志着 SAR 技术首次应用于

星载平台[14]。美国 Seasat – A 卫星如图 1.5 所示。Seasat – A 卫星作为 L 波段 SAR 系统，具备固定入射角、4 视角模式、23m 分辨率以及水平发射 – 水平接收（HH 极化）模式等特点。其主要任务是验证 SAR 技术在海洋动力学测量中的可靠性。尽管 Seasat – A 卫星的任务寿命仅持续了 3 个月，但其在此期间获取的海洋、陆地和极地冰盖的图像数据，为后续星载 SAR 的发展提供了宝贵经验。

图 1.5　美国 Seasat – A 卫星

Seasat – A 卫星的发射具有里程碑意义，标志着 SAR 技术从地基和机载平台迈向星载平台。这一进步将 SAR 的应用扩展至全球大范围的遥感监测领域，为地球观测开创了新的途径。Seasat – A 卫星的成功不仅验证了 SAR 在太空平台上的可行性，还开启了 SAR 从实验研究向大规模应用研究的转变，奠定了其在现代遥感领域的重要地位。

此外，Seasat – A 卫星的设计还推动了 SAR 技术的多维度发展，包括成像模式、数据处理算法和极化技术等，这些技术进步为后续的星载 SAR 系统（如 ERS、RADARSAT 和 TerraSAR – X 等）的发展提供了技术支撑[15-17]。NASA 的这次尝试奠定了星载 SAR 在军事侦察、环境监测和灾害预警中的应用基础，使其逐渐成为空间遥感领域的重要组成部分。

1.2.1.2　发展阶段

在全球遥感技术发展的大背景下，SAR 因其卓越的全天时、全天候观测能力，以及穿透地表和植被探测浅层地下目标的特点，自起步阶段便成为世界各国高度重视的研究与发展方向。SAR 从最初的单波段、单极化、单一工作模式和固定入射角的简单形式，逐渐演变为多波段、多极化、多工作模式和多入射角的先进系统，应用领域不断扩大[8,17-18]。

在 Seasat – A 卫星的成功推动下，NASA 利用航天飞机分别于 1981 年、1984 年和 1994 年先后将 SIR – A、SIR – B 和 SIR – C/X – SAR 成像雷达送入太空[19]。SIR – A 雷达与 Seasat – A 卫星功能相似；而 SIR – B 雷达增加了天线指向调节能力和更高的区域重复观测频率；SIR – C/X – SAR 雷达在技术上进一步突破，支持 L、C 和 X 三个波段的成像，并在 L 和 C 波段实现了全极化图像的获取。这些任务使 SAR 技术迈向更加多样化和精细化的应用。

与美国同步，加拿大、日本、欧洲航天局（European Space Agency，ESA）和俄罗斯也纷纷投入资源，推动星载 SAR 技术发展[18]。1991 年，俄罗斯发射了工作在 S 波段的 Almaz – 1 卫星（图 1.6），其模式下的分辨率达到 15m，并具备可变视角功能。同年，欧洲航天局发射了 ERS – 1 卫星，其 C 波段 SAR 系统提供了 25m 分辨率，并首次引入了全系统校准技术。1992 年，日本发射了 JERS – 1 卫星，采用 L 波段，具有固定视角和 30m 分辨率，为 SAR 的民用遥感应用提供了宝贵经验。1995 年，加拿大发射了 Radarsat – 1 卫星，该系统支持多模式成像，通过 ScanSAR 工作模式实现大范围覆盖，其分辨率达到 28m。

图 1.6　俄罗斯 Almaz – 1 卫星

军事应用：美国"长曲棍球"（Lacrosse）系列。

在军事领域，SAR 的战略价值更加显著。如图 1.7 所示，1988 年，美国通过航天飞机发射了第一颗"长曲棍球"军事侦察卫星[18]。该卫星采用近地点 680km 的轨道配置，能够实现 1m 级分辨率的聚束成像，显著提升了局部战场侦察能力。随后，美国又相继发射了 Lacrosse 2～5 系列卫星，这些 SAR 系统具备双侧视功能和 0.3m 的高分辨率。它们在 2003 年伊拉克战争中发挥了重要作用，为美军提供了关键的战场情报。

图1.7 美国"长曲棍球"军事侦察卫星

德国航空航天中心（Deutsches Zentrum für Luft – und Raumfahrt，DLR）和德国联邦教育与研究部（BMBF）合作开发的TerraSAR项目，则进一步提升了SAR系统的分辨率与观测精度。2005—2006年，TerraSAR-1卫星组（包括X波段与L波段卫星）成功发射，能够获取聚束模式下1.5~3.5m分辨率的高精度图像。同时，英国参与的TerraSAR-2卫星突破性地实现了1m级分辨率。

1.2.1.3 成熟阶段

随着SAR技术的不断创新，其应用领域和技术性能也取得了飞跃性发展。现代SAR系统已不仅仅满足于多频段、多极化和多视角功能，而是逐步朝着小型化、星座化组网以及干涉测量等方向迈进，以满足全球高效覆盖与高精度观测的需求。目前，SAR分辨率已实现从米级到亚米级的跨越，代表着对地观测技术的重大进步。

2007年6月15日，德国航空航天中心成功发射TerraSAR-X雷达卫星（见图1.8），开启了更高分辨率SAR应用的新篇章。该卫星运行于514km的轨道上，采用X波段有源天线，能够全天候昼夜对地观测，不受天气和光照限制，分辨率高达1m。2010年6月，德国又发射了TanDEM-X雷达卫星，与TerraSAR-X雷达卫星协同构成星座系统，用于生成全球最精确的三维地形图，地形精度优于2m。这一组合展示了SAR星座化组网与干涉测量技术的先进性，成为该领域技术发展的标杆。

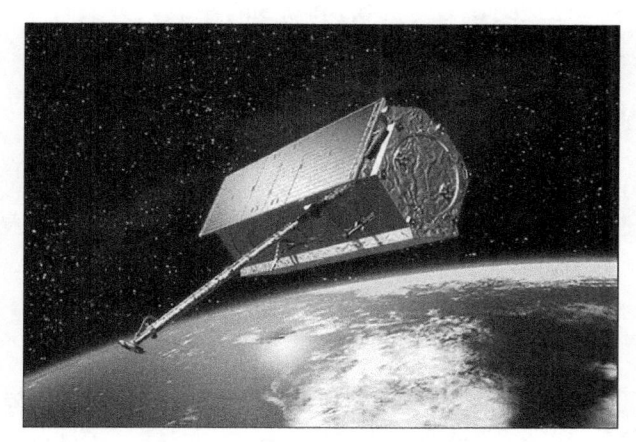

图 1.8　德国 TerraSAR–X 雷达卫星

2006—2008 年,德国发射了 5 颗 SAR–Lupe 军用雷达卫星,构建了一个分布于三条轨道上的星座系统。该系统可在复杂气象条件下提供 0.7m 分辨率的地面观测,甚至能够识别运动中的车辆和飞机型号,为军事侦察提供了卓越的技术支持。SAR–Lupe 卫星的设计体现了高分辨率、小型化与多轨道星座的结合,为军事用途的 SAR 系统树立了典范。

2007 年 12 月 14 日,加拿大发射了 Radarsat–2 卫星,这是一种继承并扩展了 Radarsat–1 卫星功能的新一代商用 SAR 系统。Radarsat–2 卫星除了保留上一代的核心工作模式,还新增了多极化成像、3m 分辨率成像、双边成像和地面动目标检测等功能。这使该卫星在地形测绘、环境监测、海洋观测等方面具备更强的实用性,为全球用户提供高质量的观测数据。

2008 年 1 月 21 日,以色列发射 TecSAR 间谍卫星,成为 SAR 技术应用于战略侦察的重要案例之一。该系统支持多种成像模式,分辨率高达 0.1m,可以在 24h 内提供大量高精度情报,为军事和情报收集提供强大的支持能力。

作为"长曲棍球"系列军事雷达卫星的后续型号,美国在 2010—2013 年陆续发射了 FIA 1~3 号卫星。与其前代相比,这些卫星轨道高度升至约 1100km,观测范围更广,同时保持了高分辨率性能,为其全球范围的情报监控奠定了坚实基础。

当前,SAR 技术的发展呈现以下主要趋势:一是多频段、多极化与多视角,支持多种工作模式以应对复杂任务需求;二是小型化与星座组网,通过小型化设计和星座化部署实现全球覆盖与高效协作;三是高分辨率和干涉测量,国外先进

SAR 系统的分辨率已达到 0.1m(机载)和 0.3m(星载),并支持三维地形测量和高精度环境监测。

1.2.2 国内发展历程

我国对 SAR 的研究工作起步较晚,但经过 40 多年的发展,从无到有,从弱到强,取得了显著成就。如今,在许多领域,我国 SAR 技术已跻身国际先进行列,其发展大致分为起步阶段和发展阶段。

1.2.2.1 起步阶段

1973 年,中国科学院电子学研究所开始成立专门的调研组,启动了 SAR 领域的探索与研究。1976 年,该研究所成立了一个以 SAR 为核心研究方向的专业研究室,标志着我国正式进入 SAR 研究领域。

1979 年,中国科学院电子学研究所成功研制了我国首台机载 SAR 样机,并于当年 9 月 17 日在陕西省获得了第一幅 SAR 图像。这一成果使我国成为全球少数掌握 SAR 成像技术的国家之一,奠定了后续研究与应用的基础。

1.2.2.2 发展阶段

从国家"六五"计划开始,SAR 技术在政府部门的大力支持下得到了快速发展,覆盖航空、航天以及地面接收处理等多个领域。SAR 系统逐步实现了从单波段扩展到多波段,从单极化发展为多极化,从二维成像技术升级至三维成像技术,从单一条带模式拓展至条带、聚束和扫描等多种工作模式,分辨率从几十米跨越到国际先进水平的技术突破。

(1)20 世纪 80 年代。1983 年,我国研制了首台单通道、单极化(HH 模式)、单侧视的机载 SAR 系统,系统配备声表面波器件进行距离向脉冲展宽与压缩,并通过地速补偿和惯导系统实现连续大面积成像。1987 年,"863 计划"正式提出星载 SAR 研究任务。这标志着我国在空间成像领域迈出了重要一步。同年,中国科学院电子学研究所研发了多条带、多极化机载 SAR 系统,可在 X 波段下通过四种极化方式(HH、VV、HV、VH)任选其一工作,支持双侧视功能,为后续研究积累了经验。1988 年,中国科学院电子学研究所启动了我国第一部星载 SAR 系统的总体研究工作[19]。

(2)20 世纪 90 年代。1994 年,我国研制出了一种 X 波段、多极化、多通道

SAR 系统,分辨率达到 10m,并配套开发了机载 SAR 实时数字成像处理器,成功获得了我国首批实时 SAR 数字图像[20]。1998 年,星载 SAR 系统样机研制成功,标志着我国在星载 SAR 领域的技术进入实际验证阶段。

(3) 21 世纪初。2001 年,成功研制出多频段、多极化、多模式的星载 SAR 演示样机,为我国 SAR 技术的全面提升奠定了基础。2003 年,中国科学院电子学研究所首次实现了 L 波段机载 SAR 系统的国际出口,标志着我国 SAR 技术正式走向国际市场。

此外,电子科技集团第 14 所、第 38 所、航空航天 607 所等单位先后完成了多种类型的机载 SAR 系统的研发,涵盖了从有人机到无人机载 SAR,从航空平台到星载 SAR 的全面技术体系,积累了丰富的实际应用经验。

我国 SAR 技术经历了从单波段到多波段,从单极化到多极化,从二维到三维,从单一条带模式到条带、聚束、扫描等多模式的全方位提升。近年来,随着无人机载 SAR 和星载 SAR 的研制成功,我国 SAR 技术不仅满足了国内需求,还进一步拓展至国际市场,标志着我国 SAR 技术已达到新的高度,为军事侦察、环境监测、资源勘探等多个领域提供了有力支持。

第 3 节　合成孔径雷达应用

1.3.1　军事应用

随着 SAR 系统技术的发展,从分辨率上看,从几十米级发展到米级、分米级;从极化方式上看,从单极化到多极化、全极化;从波段上看,已从米波波段、微波波段发展到毫米波波段、亚毫米波波段;从应用上看,包括了军用、民用、科学研究;从平台上看,已延伸到无人机、直升机、固定翼有人机、卫星和导弹。SAR 系统为了达到不同需求,一般通过天线波束调度实现不同的工作模式,如条带 SAR、聚束 SAR、扫描 SAR、动目标检测(ground moving target indication, GMTI)。针对上述变化和发展,从图像中解译或者提取所需要的信息,信息的种类众多,如军用情报、地图测绘、海洋气象水文、地质、林业和物体形变等。SAR 集高分辨率、穿透性(微波低频段)、全天候、全天时工作能力于一身的特点,确立了其在军事领域中的地位,使之成为获取军事目标信息不可缺少和不可替代的传感器。

SAR 之所以在军事领域占据重要地位,源于其独特的技术优势。首先,高分辨率能力使其能够清晰地捕捉目标细节；其次，微波低频段具备的穿透性，使其能够在一定程度上穿透植被和地表，探测隐藏目标。此外，其全天候、全天时的工作特性，确保了不受天气和光照条件的限制，能够持续监测目标。这些优势使SAR 成为获取军事目标信息的重要传感器，具有不可替代的地位[1,21]。

1.3.1.1 军事情报

在军事情报获取方面，SAR 扮演着非常重要的角色，不同装载平台的 SAR 在军事应用上有着不同的特点。

星载 SAR 作为一种战略情报侦察手段，能够对军事动向、重要目标、部队部署及战后效果评估等提供关键的战略情报支持，为决策系统提供可靠依据[2-3]。不同的工作频段、极化方式以及分辨率赋予星载 SAR 在军事侦察中多样化的应用能力，例如，高分辨率 SAR 可精确识别战场细节，而低频段 SAR 擅长穿透植被和伪装结构，探测隐蔽目标。

机载 SAR 系统凭借其高机动性和持续观测能力，弥补了卫星平台的局限性。图 1.9 所示为无人机机载 SAR 系统。相比星载 SAR，机载 SAR 研发周期更短，适配新技术更快，可实现超高分辨率成像，同时支持大范围目标搜索，因而在战术侦察中得到了广泛应用。无论是有人机还是无人机平台的 SAR 系统，都能够快速响应战场需求，增强侦察的实时性和灵活性。

图 1.9 无人机机载 SAR 系统

弹载 SAR 系统则专注于实时比对飞行路径与目标基准图的偏差，通过配准修正导弹飞行路线，确保其精确命中目标。尤其在中远程武器系统中，弹载SAR 末制导技术显著提升了末段打击的精确性，已成为导引头技术发展的重要方向。

此外，低频段 SAR 具备穿透伪装和观察复杂环境的能力，能够发现隐藏于植被、云雾和地下的目标。例如,它可以用于探测伪装导弹发射井或复杂气象条件下的地面目标,凭借高分辨率成像能力、全天候作业能力和穿透性强的特点,为复杂环境下的军事侦察提供独特优势。

1.3.1.2 动目标检测

战场情报的获取不仅包括确认敌方阵地的位置、设施和兵力部署情况,还需实时掌握敌方坦克、装甲车、机动火炮、移动式导弹发射架、直升机、巡航导弹以及部队调动和后勤补给的活动轨迹。SAR 通过从地物背景中提取运动目标,能够实现对这些动态目标的有效监控。

与静止目标不同,运动目标具有径向速度,这导致其回波信号中出现特定的多普勒频率偏移。同时,在成像飞行过程中,运动目标可能离开原始成像单元,增加了检测的复杂性。因此,动目标检测的核心在于抑制固定地物杂波,使运动目标在雷达图像中清晰显现出来。

SAR 将高分辨率成像技术与动目标检测技术(包括自适应运动目标检测技术(AMTI)和地面运动目标指示技术(GMTI))相结合,不仅能够生成精确的场景图像,还能有效检测并跟踪场景中的运动目标[21]。这种能力在战场态势感知中尤为重要,可以为作战决策提供实时支持。

在军事领域,通过结合 SAR 的高分辨率成像能力与动目标检测技术,不仅可以实现对静态目标的精准定位,还能对动态目标进行高效追踪,为复杂战场环境下的情报收集提供了强有力的技术保障。

1.3.1.3 军事测绘

SAR 成像是一种高效、精准的军事测绘手段[7,21]。通过对 SAR 数据进行后期处理,可以快速生成多种用途的军事测绘图,如地形图(比例尺可达到 1∶10000 或 1∶50000)。这类图像广泛应用于绘制和更新境外地区、"热点"区域及周边作战区域的指挥用图,为军事行动提供基础地理信息支持。SAR 在测绘方面的应用如图 1.10 所示。

此外,SAR 生成的图像还可为现代化武器系统提供精确的目标定位数据,尤其是为精确制导武器提供目标区的高精度雷达影像参考图。这些参考图可用于目标匹配制导,显著提高武器的命中率,同时为战场指挥和作战部署提供可靠的地理依据。这一技术的快速性和准确性,极大地满足了现代军事对实时性和精度的要求,对提升作战效能起到了重要作用。

图 1.10　SAR 在测绘方面的应用

1.3.1.4　海洋气象水文环境探测

雷达图像对海面结构表现出高度的敏感性,可借此对风场、波浪、海流及其相互作用的特性进行定性和定量分析,从而支持海洋气象和水文条件下的作战环境探测[21]。不同类型的海洋区域表现出独特的海面和海岸线地貌特征,雷达发射的电磁波与海面的几何结构和粗糙度等参数相互作用时,会形成具有特定特征的后向散射信号。这种差异使 SAR 能够有效监测中尺度海洋特征并识别大尺度海洋现象,如水团和锋面等。

此外,海面下目标(如水下运动的潜艇)会通过改变海面的状态间接影响雷达图像的特征。这些变化为 SAR 提供了探测潜在海面下目标的线索,通过分析这些雷达特征的变化,可进一步实现对复杂海洋环境和潜在威胁的监测与识别。这项功能在海洋监测和军事应用中具有重要价值。

1.3.2　民事应用

SAR 凭借其多波段、多极化的探测能力,在民事领域具有广泛的应用前景[1-2,10,14,21]。不同波段和极化状态的雷达入射波可对地物表现出不同的探测效果,能够捕捉地物的回波响应以及同极化和交叉极化信息,从而更准确地获取目标特征。这使 SAR 在资源调查、环境监测、灾害预警、农业估产、地质勘探、工程测绘和海洋研究等领域发挥了重要作用。例如,SAR 在监测洪涝、干旱、风暴潮等自然灾害,进行资源勘查和海洋油气探测,以及对极地海冰变化的长期观测中表现突出。

1.3.2.1 地质勘探

SAR技术可提供丰富的地质信息,如地质构造、岩性特征以及隐伏地质体的分布信息,特别适用于火山、陨石坑和断裂带等复杂地貌的探测[21]。在矿产资源领域,SAR对构造控制下的金属矿床探测具有显著优势。随着SAR极化技术和干涉技术的发展,其应用范围进一步拓宽,如对地壳形变、地震孕育、板块运动和地面沉降的测量与研究,如图1.11所示。这些能力为地质灾害监测和预测提供了科学依据。

图1.11 SAR技术监测地下采矿引起的地表沉降

1.3.2.2 海洋研究

SAR具备全天候、全天时的海洋观测能力,能够对海面和极地海冰进行连续成像监测,为海洋运输安全和全球气候变化研究提供高精度数据[2,10]。海面溢油导致表面粗糙度的降低,从而减少后向散射,这使SAR成为监测海面溢油污染和天然油膜的有效工具。此外,SAR在海洋油气资源勘探中的普查应用同样重要。

1.3.2.3 林业研究

SAR通常工作于微波波段,不同波段对植被和地表的反射与穿透特性不同,使其能够提供丰富的植被和土壤信息[21]。通过SAR数据,可以估算森林树高、蓄积量和生物量,识别森林类型、密度和健康状况,监测森林采伐活动。这些功能在多云多雨的热带、亚热带地区以及高纬度森林区域尤为重要。除此之外,SAR 还能通过对土壤水分和类别的敏感性,实现土壤湿度估测和分类,从而支持农业生产和生态保护。

1.3.2.4 形变监测

SAR 差分干涉测量技术在形变监测领域取得了广泛应用[14,21]。该技术被用于对大坝、桥梁和高塔等人工建筑的动态稳定性监测,以及对地表沉降、山体滑坡、雪崩、冰川位移和火山活动的长期观测与预警。通过这些应用,SAR 技术能够显著提升自然灾害的预测能力,为减少灾害损失提供技术保障。图 1.12 所示为 SAR 技术监测南极冰川运动。

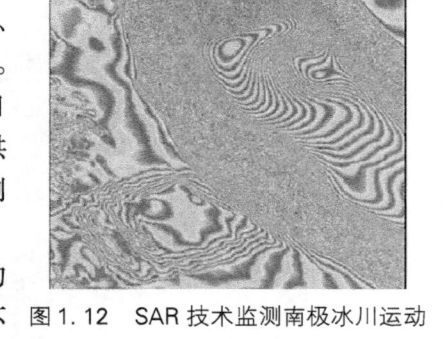

SAR 的多功能特性及其在不同领域的出色表现,使其在民事领域的应用前景不断拓宽,为资源管理、环境保护和灾害监测等领域提供了可靠的数据支持和技术手段。

图 1.12 SAR 技术监测南极冰川运动

第 4 节 合成孔径雷达对抗概述

SAR 在军事上应用的日益普及及其不断改进完善和发展,引起了从事电子战工作的技术人员和军事指挥官们对 SAR 特别关注,致力于想出有效的对抗措施,制盲这双"眼睛"。

1.4.1 雷达对抗基本概念

电子对抗技术包括电子侦察技术、电子攻击技术和电子防护技术,根据电子对抗概念与应用范围,电子对抗技术体系如图 1.13 所示。

雷达对抗是电子对抗的重要组成部分,其核心目标是针对雷达系统及其相关平台展开电子斗争[1]。通过电子侦察手段,能够获取敌方雷达系统及其搭载平台、制导武器的技术参数及部署信息。在此基础上,利用电子干扰、电子欺骗、

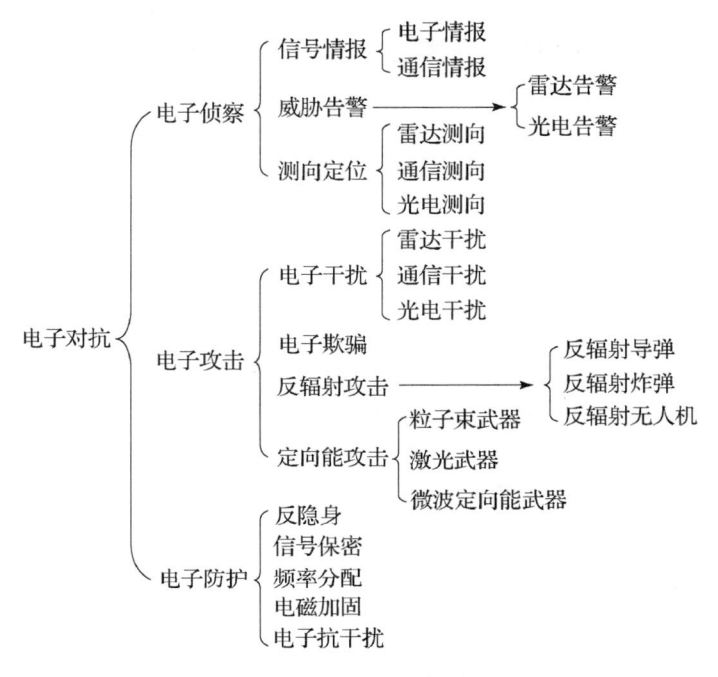

```
                        ┌ 信号情报 ┬ 电子情报
                        │         └ 通信情报
              ┌ 电子侦察 ┤ 威胁告警 ┬ 雷达告警
              │         │         └ 光电告警
              │         │         ┌ 雷达测向
              │         └ 测向定位 ┼ 通信测向
              │                   └ 光电测向
              │         ┌ 电子干扰 ┬ 雷达干扰
              │         │         ├ 通信干扰
              │         │         └ 光电干扰
  电子对抗 ┤ 电子攻击 ┤ 电子欺骗
              │         │                   ┌ 反辐射导弹
              │         │ 反辐射攻击 ────→ ┼ 反辐射炸弹
              │         │                   └ 反辐射无人机
              │         │         ┌ 粒子束武器
              │         └ 定向能攻击 ┼ 激光武器
              │                   └ 微波定向能武器
              │         ┌ 反隐身
              │         │ 信号保密
              └ 电子防护 ┤ 频率分配
                        │ 电磁加固
                        └ 电子抗干扰
```

图 1.13　电子对抗技术体系

反辐射武器和定向能武器等多种手段,对敌方雷达的探测、跟踪和指挥能力进行削弱或摧毁。雷达对抗不仅涵盖了软杀伤手段(如干扰与欺骗),还涉及硬杀伤手段(如反辐射武器的精准打击),最终目标是有效削弱敌方雷达的作战效能,为己方争取战场优势。

根据上述解释,从对象、行动、目的三个方面分析雷达对抗,首先可以明确的是,雷达对抗的对象是敌方雷达。要对一部敌方雷达采取对抗措施,最基本的是要先知道它的位置,它有什么特性,获取这些信息,就需要进行侦察;接下来再根据侦察的情况选择具体的对抗方法。如果希望敌方雷达暂时地削弱功能,可以通过发射干扰信号来干扰敌方雷达。当然,还有其他的干扰方式。如果希望敌方雷达永久地丧失功能,可使用武器对其进行物理摧毁,这种方式通常被称作反辐射攻击。

经过以上分析,进行雷达对抗采取的主要行动可以概括为三种形式:侦察、干扰、反辐射攻击。其技术体系如图 1.14 所示。雷达对抗的主要目标可以概括为两个方面:一是通过干扰和欺骗等手段使敌方雷达无法探测或准确识别目标,从而削弱或破坏其正常运行能力;二是采取有效的防护措施确保己方雷达能够稳定、高效地发挥作用,以保障作战效能不受威胁[22]。

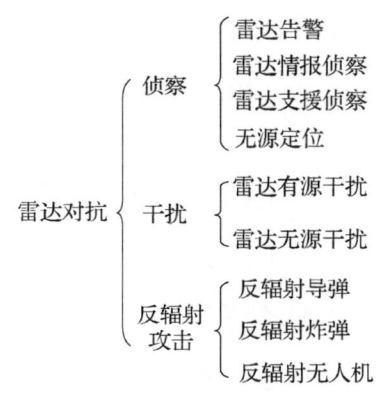

$$
雷达对抗 \begin{cases} 侦察 \begin{cases} 雷达告警 \\ 雷达情报侦察 \\ 雷达支援侦察 \\ 无源定位 \end{cases} \\ 干扰 \begin{cases} 雷达有源干扰 \\ 雷达无源干扰 \end{cases} \\ 反辐射攻击 \begin{cases} 反辐射导弹 \\ 反辐射炸弹 \\ 反辐射无人机 \end{cases} \end{cases}
$$

图 1.14　雷达对抗技术体系

综上,雷达对抗可以这么定义:雷达对抗又称雷达电子战,是指通过采用专门的电子设备和器材,对敌方雷达进行侦察、干扰、反辐射攻击,削弱或破坏其正常使用,保护己方雷达正常发挥效能而采取的各种战术技术措施的总称[1-2,22]。

那么,雷达对抗具体包括哪些内容,又有什么作用呢? 雷达对抗主要包括雷达侦察、雷达干扰和反辐射攻击,这些内容与雷达对抗的行动是一一对应的。

首先,分析雷达侦察,它是实施雷达对抗的基础[1-2]。雷达侦察是利用雷达侦察设备发现截获敌方雷达的电磁辐射信号,并测量电磁信号的特征参数和技术参数,通过记录、分析、识别和辐射源测向定位,掌握敌方雷达的类型、功能、特性、部署地点、相关武器或平台的属性与威胁程度的电子侦察。侦察通常在战斗前和战斗中进行,对敌方制导雷达和火控雷达要求及时和准确地测定空间位置,对威胁程度高的特定雷达信号优先进行处理[1-2]。

通过雷达侦察获得了敌方雷达的信息之后,根据上文所述的雷达对抗行动,下一步要引导干扰或者进行反辐射攻击。

雷达干扰分为有源干扰和无源干扰。有源干扰是通过专用干扰设备向敌方雷达发射干扰电磁波,干扰其正常运行,从而削弱或破坏其对目标的探测和跟踪能力。这种干扰方式依赖主动发射信号干扰敌方雷达接收系统,使其难以从干扰信号中提取有效信息,从而降低雷达的作战效能。对雷达实施有源干扰,主要采取的干扰形式有两种：压制干扰、欺骗干扰。利用干扰器材对敌方雷达辐射的电磁波进行反射、吸收，来干扰敌方雷达，这种干扰称为无源干扰。无源干扰与有源干扰的区别主要在于无源干扰不主动发射电磁波。

雷达干扰无论是有源干扰还是无源干扰，都是一种电子软杀伤，与之相对应的是反辐射攻击，它是一种主动的硬杀伤手段。反辐射攻击利用反辐射武器，以敌方雷达辐射的电磁信号作为制导信息，跟踪和摧毁敌雷达辐射源。

常用的反辐射武器有反辐射导弹和反辐射无人机。反辐射导弹威力很大，但是存在着问题，如果目标雷达突然关机，它就变成了"瞎子"，也就没有办法攻击目标了。与之相比，反辐射无人机的威胁更大一些。反辐射无人机体积小，采用隐身技术隐蔽突破能力强，可在目标上空待机飞行，待目标雷达开机后再发动攻击。

雷达对抗的核心在于基于雷达工作原理，通过雷达侦察设备获取敌方雷达发射的电磁信号，提取其特征参数及工作状态。随后，根据分析结果生成与雷达参数相匹配或接近的干扰信号，这些干扰信号一旦进入敌方雷达接收机，会干扰其对真实目标信息的处理，达到遮蔽或扰乱目标探测的目的，从而削弱敌方雷达的作战效能[1]。

1.4.2 合成孔径雷达对抗基本概念

SAR 对抗属于雷达对抗范畴，但不同于对其他雷达的对抗，本质上讲 SAR 对抗是成像的对抗，也可以认为是图像的对抗。

SAR 成像的基本目的是实现对地面目标的成像、分类和识别。从概念上讲，SAR 是通过采用各种方法提高雷达诸维分辨率，使其分辨单元的尺寸与被成像的目标尺寸相比小得多，从而得到目标不同部位的信息以构成雷达图像。

SAR 对抗就是指运用电子对抗手段破坏 SAR 系统成像，或使图像不能正确解译，实现阻止或拖延敌方从雷达图像中检测、识别目标或提取有用的信息。

SAR 系统是一个复杂系统，它主要由雷达装载平台、雷达传感器、情报处理系统和其他相关应用系统组成，获取的雷达图像由专业图像判读人员给出目标识别结果。图 1.15 所示为 SAR 系统的简化示意。

因此，对 SAR 系统的对抗不能简单地认为仅仅是单一的雷达对抗，实质上其是对雷达传感器、成像处理系统和图像目标识别的综合对抗。

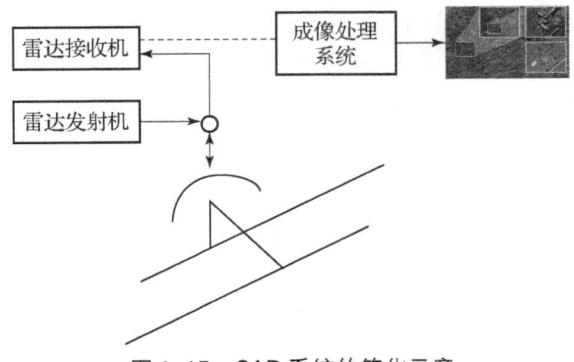

图 1.15　SAR 系统的简化示意

1.4.3　合成孔径雷达对抗基本方法

SAR 系统主要由雷达装载平台、雷达传感器、情报处理系统三个主要子系统构成,相关应用系统这里不再赘述。下面以星载 SAR 为例来说明数据获取的过程,在侦察过程中,SAR 沿着平台飞行方向边运动边向照射区域发射脉冲信号,并收集来自地面的回波信号。整个图像数据产品生成过程可划分为三个阶段,即数据获取、数据传输和数据处理。数据传输链路包括 SAR 与地面站之间的星地链路、SAR 与中继卫星之间的星间链路,以及中继卫星与地面站之间的星地链路。SAR 系统获取数据过程如图 1.16 所示。

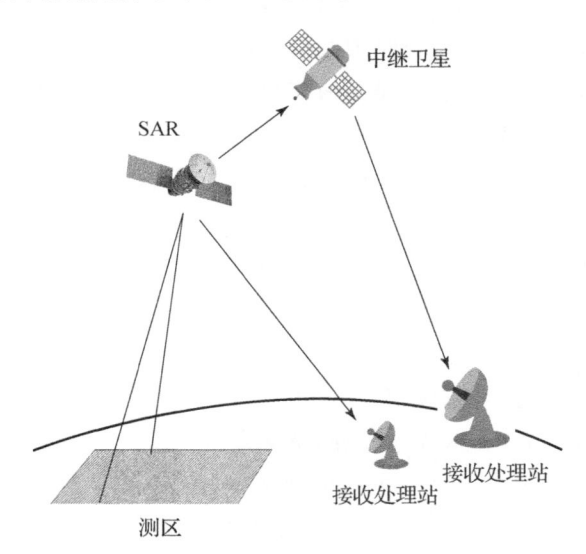

图 1.16　SAR 系统获取数据过程

从 SAR 系统生成图像数据的整个过程来看，对抗 SAR 成像有三个基本方法：

（1）采用地基干扰机或空基干扰机对雷达传感器进行干扰；

（2）对数据传输链路干扰；

（3）对地面数据处理系统干扰。图 1.17 展示了 SAR 系统成像对抗的基本方法。

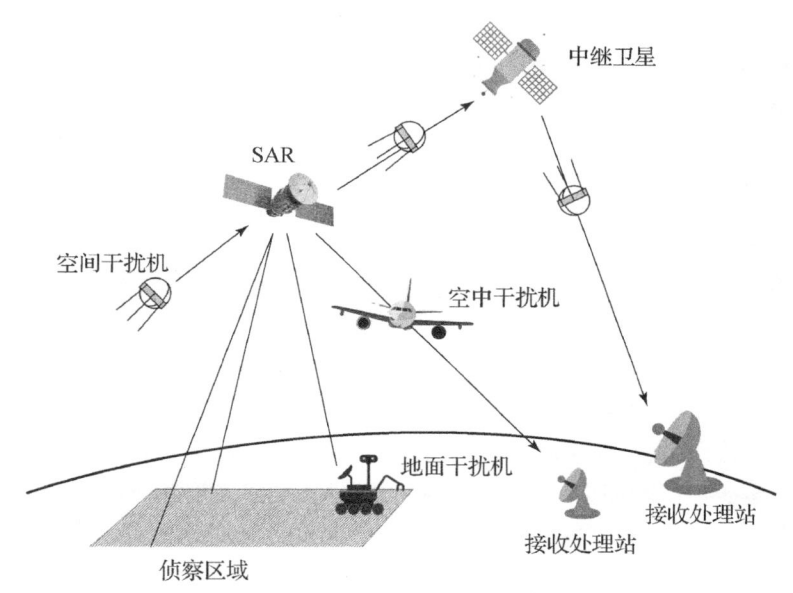

图 1.17　SAR 系统成像对抗的基本方法

对数据传输链路实施干扰，干扰机必须截获数据链的信号并向地面站或中继卫星发射干扰信号，而地面站的位置并不一定知道；即使地面站发射的上行链路信号可能被截获，暴露了地面站的位置，但仍然存在雷达传感器、中继卫星、地面站和干扰机之间的空间几何关系问题。假设干扰机设法截获了下行链路信号并确定了地面站位置，干扰机必须在高于地面站平面的位置上发射干扰。此外，因地面站精确地跟踪传感器，它们之间用很窄的波束传递数据，故干扰机必须与地面站和传感器基本处于一条直线上才能有效。对地面数据处理系统需采用网络对抗技术，或进行电子或物理摧毁，一般地面处理系统都在 SAR 卫星所属国领域内，很难实施干扰。

练习题

一、填空题

1. 合成孔径雷达(SAR)通过雷达装载平台和被观测目标之间的_____运动,在一定的_____时间内,将雷达在不同空间位置上接收的宽带回波信号进行相干处理,获得目标的二维图像。
2. SAR系统的数据流程包括_____、_____和_____。
3. 雷达的三大任务是_____、_____和_____。
4. SAR的三大重要特性是_____、_____和_____。

二、单项选择题

1. SAR系统的主要应用不包括以下哪一项(　　)
   A. 军事情报　　　　　　B. 地质勘探
   C. 宇航推进系统研究　　D. 动目标检测
2. SAR的方位分辨率主要通过以下哪种技术实现(　　)
   A. 多普勒波束锐化　　　B. 脉冲压缩
   C. 大孔径天线直接成像　D. 高增益放大器
3. Seasat-A卫星属于以下哪个国家的SAR技术发展项目(　　)
   A. 日本　　B. 美国　　C. 俄罗斯　　D. 德国

三、判断题

1. SAR成像过程中,方位向分辨率与雷达传感器的飞行高度无关。
2. SAR数据传输链路不包括中继卫星与地面站之间的链路。
3. 普通航空摄影使用电磁波作为照射源,而SAR以太阳光作为照射源。

四、简答题

1. 简述SAR的主要工作原理。
2. SAR具有哪些核心技术特性?
3. 请详细阐述SAR在军事领域的应用价值,并结合其技术特性进行说明。
4. SAR对抗的核心方法有哪些?请举例说明。

五、综合分析题

结合SAR对抗技术的基本方法,分析其在现代电子战中的重要作用。

参考文献

[1] 贾鑫.合成孔径雷达对抗技术[M].北京:国防工业出版社,2015.
[2] 李宏.合成孔径雷达对抗导论[M].北京:国防工业出版社,2010.
[3] 刘志刚,张伟,陈振.星载合成孔径雷达技术进展与趋势分析[C].重庆:中国地球物理学会,2011.
[4] 黄倩.SAR数据处理算法及基于机群的处理系统研究[D].北京:中国科学院研究生院(电子学研究所),2006.
[5] 聂国篙.合成孔径雷达射频压制与转发欺骗干扰抑制方法研究[D].西安:西安电子科技大学,2023.
[6] 卞云康.合成孔径雷达的成像系统仿真与相干斑噪声特性研究[D].南京:南京理工大学,2009.
[7] 吴亚丽.基于GPU的遥感数据实时处理研究[D].南京:南京理工大学,2013.
[8] 王捷,周伟,姚力波.国外成像侦察技术现状及发展趋势[J].海军航空工程学院学报,2012,27(2):199-204.
[9] 朱国辉,杨琳,汪洋,等.一种高速机动平台SAR成像PRF改进设计方法[J].系统工程与电子技术,2024.
[10] 汪俊澎,李永祯,邢世其,等.合成孔径雷达电子干扰技术综述[J].信息对抗技术,2023,2(4):138-150.
[11] 崔岸婧,高敬涵,吴疆,等.天基合成孔径激光雷达空间目标成像系统分析[J].激光技术,2025,49(3):336-345.
[12] 张云.合成孔径激光雷达[D].北京:中国科学院研究生院(电子学研究所),2006.
[13] 邹维宝,任思聪,李志林,等.SAR在飞行器组合导航系统中的应用[J].遥感信息,2001(3):8.
[14] 邓湘金,王磊,彭海良,等.合成孔径雷达的发展历史及趋势[J].测试技术学报,2000(2):80-86.
[15] 左艳军.分布式小卫星合成孔径雷达高分辨率成像算法研究[D].北京:中国科学院电子学研究所,2007.
[16] 王国喜.星载SAR距离:多普勒算法研究[D].哈尔滨:哈尔滨工业大学,2007.
[17] 田锋.高时效性星载SAR系统设计与数据处理关键技术研究[D].西安:西安电子科技大学,2022.
[18] 李春升,王伟杰,王鹏波,等.星载SAR技术的现状与发展趋势[J].电子与信息学报,2016,38(1):12.
[19] 周伯阳.SAR极化面目标原始数据模拟研究[D].北京:中国科学院电子学研究所,2005.
[20] 李长凯.基于瞬态系数的SAR图像分割方法研究[D].合肥:合肥工业大学,2010.
[21] 周明威.基于变形镜相位补偿的SAR光学成像系统[D].上海:上海交通大学,2020.
[22] 陈娇娇.基于云技术的地空电子对抗仿真[D].西安:西安工业大学,2020.

第2章 合成孔径雷达系统组成与工作原理

合成孔径雷达(SAR)作为一种先进的主动式成像雷达技术,以其高分辨率、全天候、全天时成像能力广泛应用于军事侦察、地质勘探、环境监测和灾害评估等领域。SAR通过雷达载体的运动模拟实现大天线孔径,在目标回波的相干积累过程中形成高精度的二维图像。在雷达系统中,"相干"通常指相信号的相位保持一致性,或者确定的相位关系,对于SAR而言,相干积累指的是在回波信号的处理过程中,保持信号的相位一致性,以便能够对回波信号进行有效地叠加,从而提高图像的分辨率和精度。这种技术突破了传统雷达因天线尺寸和工作距离受限的分辨率瓶颈,开创了微波遥感技术的新纪元。

SAR系统的构建与运行涉及多学科的交叉融合,其核心功能由雷达传感器、装载平台和情报处理系统协同实现。从机载到星载平台,从静态地物成像到动态目标跟踪,SAR技术通过脉冲压缩、波束合成、多普勒分析等关键方法在多场景下展现出强大的适应性和灵活性。此外,SAR成像过程还受成像模式、工作频段、波束特性等因素的制约与优化。

本章深入解析SAR系统的组成与工作原理,涵盖其关键子系统的技术特点、功能设计与工作模式。本章旨在通过系统性的理论阐述与实例分析,为读者构建对SAR复杂系统的全局认知,奠定理解与应用SAR对抗技术的基础。

第1节 系统组成

雷达是在第二次世界大战中顺应军事需求发展起来的,早期用于探测和跟踪目标[1-2]。SAR是一种以地表成像和目标识别为主要功能的主动成像雷达系统。在其发展之前,大多数高分辨率传感器依赖被动成像技术,通过检测地球表面反射的太阳光或地表辐射的热信号实现观测。与此不同,SAR采用了一种完全主动的技术,利用微波段的电磁波主动发射信号进行探测。这一特性使SAR无须依赖太阳光,不仅扩大了观测的时空范围,还能够获取以往难以捕捉的地表信息,实现全天时成像能力。由于微波具有较强的穿透能力,不易受云层、雾气和降雨的影响,SAR的观测性能在多种天气条件下均能保持稳定,显著提升了全天候的成像效果。SAR系统综合运用了脉冲压缩、合成孔径和信号处理等技术,涉及雷达、数据压缩、数据传输、信号处理和图像解译等多个专业领域。

SAR系统主要由雷达装载平台、雷达传感器、情报处理系统三个主要子系统构成。从雷达设备的组成上看,SAR与其他种类雷达没有什么区别,但其拥有自己的特点。

2.1.1 雷达装载平台

对于SAR而言,其装载平台种类多样,包括卫星、飞机和导弹等。其中,除卫星平台外,大多数SAR系统的天线安装在装载平台的两侧。工作时,雷达波束通常指向与平台飞行方向垂直的方向,以完成对目标的远距离观测与成像。然而,在某些工作模式(如聚束模式和前斜视模式)中,雷达波束的指向可能会偏离垂直方向,以适应不同的观测需求。

为满足多模式工作的需求,小型SAR系统的天线面积通常在$1m^2$以下,主要用于无人机或导弹平台[3]。为了优化安装空间和观测效果,这些小型天线一般被安装在无人机或导弹平台的前部,以确保良好的波束覆盖范围和观测性能。大型SAR系统的天线面积通常在十平方米至几十平方米之间,多用于飞机平台。这类系统的天线通常安装在飞机的两侧或机腹下方,以尽量减少机身对天线辐射性能的干扰,同时扩大对地观测的视角范围。这种设计不仅提升了成像的灵活性,还能够适应多种复杂的观测场景。卫星平台通常承载更大尺寸的SAR系统,其天线面积从几平方米到几十平方米不等。在发射阶段,为节省空间,卫星平台上的雷达天线通常处于折叠状态,到达轨道后再展开使用。卫星平台SAR的设计需要兼顾高效的观测性能和严苛的空间环境约束,是空间对地观测的重要组成部分。

无论装载平台类型如何,其核心功能都是为SAR系统提供必要的资源,以保证雷达正常工作并将处理结果传回地面。为实现这一目标,SAR系统对装载平台通常有五个关键需求:一是几何尺寸,平台需要具备足够的空间容纳SAR

天线及相关设备,并避免对雷达性能造成干扰;二是重量,平台必须能够承载雷达系统的重量,并在设计中考虑到载重对飞行性能的影响;三是功耗,SAR 系统需要平台提供足够的电力支持,以满足高功耗的雷达信号发射与数据处理需求;四是运动参数测量,为了保证成像精度,平台需具备高精度的运动参数测量能力,包括位置、速度和姿态的实时测量;五是通信数据率,平台需支持高数据传输速率,以便快速将 SAR 系统生成的观测数据传回地面处理中心。

通过上述设计原则和资源支持,不同装载平台能够高效协同 SAR 系统,以完成复杂的对地观测与成像任务,为多领域的应用需求提供技术保障。

2.1.2 雷达传感器

雷达传感器是 SAR 系统的核心,负责实现高分辨率雷达成像,通常包括发射与接收模块、天线系统、数据记录与处理模块以及运动补偿模块。下面对这些关键模块的组成与工作原理进行详细介绍。

1) 发射与接收模块

SAR 通过发射高方向性的微波脉冲覆盖目标区域,并接收其反射的回波信号[2-3]。与常规雷达利用实孔径实现方位分辨不同,SAR 通过平台运动合成虚拟大孔径天线,实现高分辨率成像。这一过程需要多次发射、接收信号并进行相干积累,最终生成完整的雷达图像。

在波形设计方面,SAR 系统强调高带宽与良好的脉冲压缩性能,常采用线性调频波形,有时也使用步进频脉冲信号或波形子带合成以实现更高分辨率。尤其是在厘米级分辨率下,子带合成有效降低了宽带波形设计的复杂性。

在频率源设计方面,SAR 与常规雷达均依赖全相参体制,以提高系统信噪比并改善强杂波环境下的动目标检测性能。SAR 的高分辨率依赖相参积累,对频率源的相位稳定性和抗振性能要求更高。随机频率误差会破坏回波信号的相位特性,恶化方位分辨率;正弦频率误差则导致脉冲压缩后出现成对回波,影响图像质量。

2) 天线系统

天线负责形成适当的波束图案,实现对地面区域的精确扫描[3]。SAR 系统通常采用相控阵天线,通过调节阵元相位实现波束的电子扫描。星载 SAR 天线设计需兼顾宽带性能和低副瓣电平,以降低图像模糊度和提升地面动目标检测能力。

与常规雷达相比,SAR 系统对天线副瓣电平要求略低,一般控制在 -20dB

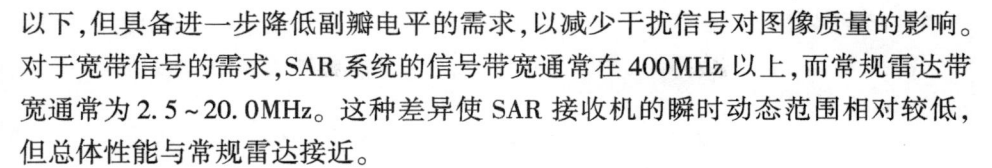

以下,但具备进一步降低副瓣电平的需求,以减少干扰信号对图像质量的影响。对于宽带信号的需求,SAR 系统的信号带宽通常在 400MHz 以上,而常规雷达带宽通常为 2.5~20.0MHz。这种差异使 SAR 接收机的瞬时动态范围相对较低,但总体性能与常规雷达接近。

3)数据记录与处理模块

SAR 传感器实时记录接收的回波数据,以供后续处理[3-4]。其距离脉冲压缩与常规雷达相似,方位处理则以相干积累为核心,追求高分辨率。SAR 不同的工作模式(如 ISAR、INSAR、GMTI 等)需采用不同的处理算法,以满足多样化的应用需求。

在动目标检测方面,SAR 系统先进行距离脉冲压缩,然后抑制杂波,最后检测和提取动目标信号。SAR 与常规雷达的主要区别:SAR 通过相参合成获得方位高分辨率,而常规雷达通过窄波束特性实现频率分辨;目标方位测角时,SAR 多采用多基线干涉法,而常规雷达使用和差波束等方法。

4)运动补偿模块

卫星轨迹的微小变化会显著影响 SAR 成像质量[3]。运动补偿模块利用惯性测量单元(inertial measurement unit,IMU)和全球定位系统(global positioning system,GPS)提供精确的位置信息和姿态数据,对卫星运动进行高精度补偿。通过动态调整天线波束和回波数据的处理算法,运动补偿模块确保了成像的高分辨率和稳定性。

SAR 与常规雷达的关键区别主要体现在成像方式和信号处理方法上。常规雷达通过一次发射和接收完成目标探测,而 SAR 需要多次发射、接收并进行长时间的相干积累。此外,SAR 强调信号的带宽特性和相参处理,对频率源稳定性和天线设计提出了更高要求。

通过以上模块的高效协同,SAR 传感器能够在复杂的环境中实现高精度的目标成像,为军事侦察、地质勘探和环境监测等领域提供关键技术支持。

2.1.3 情报处理系统

常规雷达(不包括气象等特种雷达)工作方式较为单一,主要测量出目标的距离、高度和方位信息,形成目标的航迹。

SAR 信号处理输出的二维图像,在图像处理上,将复杂的 SAR 图像转化为可用的情报,从 SAR 图像中快速解译、检测和识别出目标,特别着重实现在强干扰、强散射、高密度电磁信号的图像中实现对小目标的检测和提取。

在与其他传感器融合上，不但包括不同平台的成像雷达图像的融合，还应包含无源探测器和其他传感器，如红外、光学、声学等传感器的信息融合。

第 2 节　合成孔径雷达分类

随着 SAR 技术的快速发展，不同功能、结构和用途的新型 SAR 系统不断涌现。根据多种分类方法，这些系统之间可能存在一定的交叉重叠。以下对这些系统进行简要介绍。

2.2.1　按装载平台分

根据装载平台的不同，SAR 分为星载 SAR、机载 SAR、弹载 SAR 和地基 SAR 四种主要类型[4]。其中，星载 SAR 以卫星为平台，适用于全球范围内的大规模监测；机载 SAR 以飞机或无人机为平台，具有灵活性强、分辨率高的特点；弹载 SAR 安装于导弹等武器平台上，主要用于飞行中实时成像与精确制导；地基 SAR 主要用于区域性或定点监测，尤其在形变监测中具有显著优势。

2.2.1.1　星载合成孔径雷达

星载 SAR 具备覆盖全球的高分辨率成像能力，能够以固定的重访周期对地表进行持续监测，并突破空间限制[5]。与机载 SAR 相比，星载 SAR 具有更宽的测绘带和更强的重复观测能力，能够对全球目标实现动态跟踪与观察。图 2.1 和图 2.2 所示分别为星载 SAR 和机载 SAR 测绘示意。

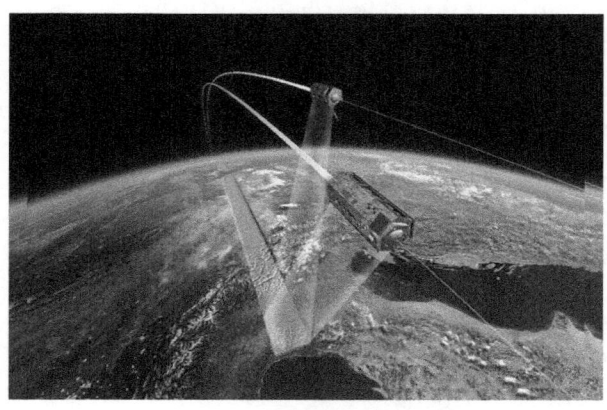

图 2.1　星载 SAR 测绘示意

第2章 合成孔径雷达系统组成与工作原理

图2.2 机载SAR测绘示意

星载SAR可以准确、大范围地查明被侦察区域内军事政治、经济等战略目标的基本情况,如导弹基地、海军(空军)基地、兵营、工业设施等;监视重要目标和兵力部署的变化情况,如地面部队的大规模集结,大中型飞机、舰船等目标的活动情况等;可以对世界范围内的"热点"地区进行及时侦察。星载SAR是一种及时、可靠的军事情报来源,通过对星载SAR侦察获取源图像的分析,可以获取大量的军事情报,如及时发现战争征候,为军工科研生产、军事训练、国防建设提供情报依据,为战略武器提供打击目标的情报并核查打击效果。同时,星载SAR也是一种高效、精准的军事测绘工具。通过处理SAR图像,可生成多种用途的军事测绘图,为现代武器和精确制导系统提供目标位置信息,同时为目标区匹配制导提供雷达影像参考图,显著提升作战效能。星载SAR特点是成像区域大、平台运行稳定。

星载SAR总体发展情况如下。

(1)星载SAR系统的分辨率越来越高,由最初的20~30m发展到目前的0.5~1.0m,未来将向0.1~0.3m高分辨率跨越。

(2)星载SAR系统已由单一极化发展到多极化。

(3)星载SAR系统的观测带宽越来越宽,由最初的100~200km发展到目前的1000km以上,并且在较高的分辨率情况下实现大观测带宽。

(4)星载SAR系统的工作模式越来越多,从最初的条带SAR模式发展到现在的聚束SAR、ScanSAR、TopSAR等众多成像模式,并且干涉SAR(InSAR)、极化干涉SAR(PolinSAR)、地面动目标检测模式(GMTI)也成为星载SAR系统的研究重点。

2.2.1.2　机载合成孔径雷达

机载 SAR 是 SAR 技术发展的重要基础,其演进历程在技术与应用的双重推动下发挥了关键作用。自 20 世纪 60 年代中期首次搭载于 RB-47H 和 RB-57D 飞机以来,机载 SAR 技术已发展了半个多世纪,逐步成为军事侦察和战场监视领域的核心装备[2,5]。现代机载 SAR 技术实现了多波段、多极化和多模式功能的整合,凭借其灵活性和高分辨率性能,广泛应用于军事及民用领域。

当前,机载 SAR 正在向高分辨率和多功能方向快速发展。典型平台如 E-8A 和 E-8C 战场侦察系统,将 SAR 与地面运动目标指示(MTI)技术相结合,极大提升了其作战效能。这种集成化趋势不仅扩展了机载 SAR 的应用范围,也为未来的侦察与监视任务提供了更强大的技术支撑。这些系统不仅能实现高分辨率成像,还可检测和成像地面运动目标,执行空地综合监控任务。随着技术进步,机载 SAR 逐步向小型化、智能化和多用途方向发展,为满足现代复杂战场环境提供了技术支撑。

机载 SAR 在军事领域的核心作用体现在对敌方纵深军情的高效探测和监控。其具体应用包括:远程侦察与监视,侦察敌方炮兵阵地、坦克集结区、部队调动情况,监控前沿机场活动,识别飞机类型及部署,对敌方交通枢纽、军港、舰艇和运输船实施全时监视。还可以应用于高分辨率成像与目标识别,通过高分辨率模式,机载 SAR 可精确成像敌方武器装备,支持战术目标识别与态势分析。此外,机载 SAR 可用于打击效果评估,在空袭行动后,机载 SAR 通过成像对目标设施的破坏程度进行评估,为后续打击提供可靠依据。同时,机载 SAR 也可应用于动态监控与目标跟踪,在复杂战场环境中,机载 SAR 的运动目标成像功能可实时跟踪地面和空中目标,提升作战响应速度。

机载 SAR 不仅在军事领域发挥重要作用,在民用领域也展现了广泛的应用潜力。其主要民用应用领域包括:一是灾害监测与应急救援,机载 SAR 可实时监测洪水、地震、森林火灾、雪崩等自然灾害,并为态势评估和救援决策提供高分辨数据;二是土地测绘与规划,在土地管理与规划中,机载 SAR 能够快速绘制地形图,为城市发展与基础设施建设提供参考;三是资源与环境监测,机载 SAR 在矿产资源勘探、水资源开发、农业统计、海洋监测等方面应用广泛,特别是监测海洋污染、海藻分布和冰山动态。

无人机 SAR 是机载 SAR 的重要组成部分,因其灵活性和高效性而在战场上具有不可替代的地位。无人机 SAR 主要有四个优势:一是无人员风险,无须机组人员进入危险区域,可大幅降低参战人员伤亡风险,也避免了营救被俘机组的成本和压力;二是成本效益低,与有人机相比,无人机的制造和运行成本显著降低,更适合在高风险区域执行任务;三是任务灵活性高,无人机不受机组人员生理条件限制,可执行超长续航任务,并在高机动性条件下完成精准探测;四是临空近距离侦察,无人机可渗透至敌方防御纵深区域,进行近距离探测,显著提升地面目标的观测能力。

机载SAR特点是布局方便、机动灵活、平台存在运动误差[6]。机载SAR–MTI的整体发展呈现以下趋势。

(1)分辨率提升:机载SAR系统的分辨率从早期的3～5m提升至当前的0.1～0.3m,并且处理方式由早期依赖机上存储原始回波数据,逐步发展为机上实时图像处理,大幅提高了侦察效率和实时性。

(2)功能多样化:从最初的单一成像功能,扩展到如今兼具地面运动目标指示(ground moving target indicator,GMTI)、海面动目标检测(maritime moving target indicator,MMTI)及低空动目标监视等多功能的综合应用,显著增强了多场景适应能力。

(3)多模式成像:在成像模式方面,机载SAR系统已实现同时支持SAR/MTI功能,并能够切换至条带SAR或聚束SAR模式,以适应不同的观测需求。

(4)多波段融合:从单一波段对地观测,发展为多波段同步观测,如P/X双波段和P/L/C/X四波段等,实现了对地物目标的精确、全面监测。

这些技术进步显著提升了机载SAR/MTI系统的综合性能,进一步巩固其在现代侦察监视任务中的核心地位。

2.2.1.3 弹载合成孔径雷达

近年来,雷达高分辨率成像技术、微电子技术及微波毫米波集成器件的快速发展,推动了弹载SAR系统的快速进步[7]。惯性导航系统(inertial navigation system,INS)与景象匹配组合导航系统在巡航导弹和弹道导弹中得到广泛应用,不仅显著提高了导航精度,还增强了导弹的自主作战能力[8]。这类导航系统除实现高精度导航外,还支持地形跟踪、地形规避及威胁回避功能,大幅提升了导弹的综合作战性能。

弹载平台对SAR导引头的体积、功耗和成本提出了严格要求,因此通常选择X、Ku、Ka和W等高频段,其中毫米波段导引头的应用尤为广泛。例如,英国MBDA公司的"硫黄石"反坦克导弹(见图2.3)采用3mm波段雷达导引头,具备出色的目标定位能力。而雷声公司研制的 8mm 波段 SAR 导引头通过多普勒波束锐化技术和优化弹道设计,实现了 3m 径向与方位分辨率的高精度成像[7]。这些先进的雷达系统能够对感兴趣区域进行精准成像,为导弹末制导提供了可靠的数据支撑,极大提升了导弹在复杂战场环境中的打击效果。

图 2.3 "硫黄石"反坦克导弹

将 SAR 系统应用于导引头是近年来的研究成果,弹载 SAR 的发展情况如下:

(1)随着电子元器件和制造工艺水平的提高,弹载 SAR 的频率由 X、Ku 波段向 Ka、W 波段提升,雷达系统体积不断减少、重量不断降低。

(2)SAR 导引头由单一成像功能发展到成像兼有单脉冲末制导功能,使导弹具备打击地面固定目标、地面动目标和海面动目标能力。

(3)SAR 导引头的功能已从单一的条带 SAR 模式拓展为条带 SAR、聚束 SAR、大前斜 SAR、前视 SAR 和多普勒波束锐化成像等多模式工作[5]。每种工作模式对分辨率的需求各不相同,但对定位精度均提出了较高要求,以确保成像质量和目标识别能力能够满足复杂作战环境的需求。

(4)弹载 SAR 正从传统雷达体制逐步向有源相控阵体制转变,同时在技术进步的推动下,正在实现高性能与低成本的有效结合。这一趋势显著提升了系统的作战能力,同时满足了成本控制的需求。

2.2.1.4 地基合成孔径雷达

近几年,雷达干涉测量技术成功从星载 SAR 应用到地基 SAR(ground based synthetic aperture radar,GB-SAR)中,从而可以获取小范围观测区域表面的高空间分辨率的形变信息。通常，GB-SAR系统能够在短时间内获取监测区域的高分辨率雷达影像，这些影像在时间和空间上具有较好的相关性[4]。凭借其高空间分辨率，地基SAR可用于实时观测活跃地质体(如火山)的形变信息，为形变监测提供精准的数据支持。

图2.4展示了GB-SAR系统——FastGBSAR，一种将调频连续波(frequency modulated continuous wave, FMCW)、SAR和干涉测量技术结合的高精度远程监测与预警系统。该系统广泛应用于露天矿、水库大坝等关键设施的安全监测，能够实时获取监测对象的位移变化数据与趋势分析。在灾害发生前提供准确的预警信息，为制定防护和应对措施提供关键支撑，从而有效降低人员伤亡和财产损失风险。

图2.4 GB-SAR系统——FastGBSAR

GB-SAR的基本工作原理：系统通过发射雷达信号获取目标区域的距离向高分辨率数据，利用在线性导轨上的滑动运动实现合成孔径效应，从而形成方位向高分辨率影像。随后，利用干涉测量技术对获取的二维雷达影像进行处理，通过计算不同时刻回波信号的相位差，提取目标区域的形变信息。GB-SAR通过重复观测目标区域并生成时间序列干涉数据，可实现精度达毫米级的形变监测。这使其成为局部区域高精度形变监测的重要工具，为重大设施的长期安全管理提供了可靠的技术支持。

与机载SAR和星载SAR不同，GB-SAR系统固定在地面，通过相对运动实现合成孔径。常见的GB-SAR平台包括滑轨式平台(天线沿滑轨滑动形成合成孔径效应)、拖车式平台(拖车运动实现合成孔径)以及车载式平台(SAR系统放置在车辆顶部，车辆沿路径运动形成合成孔径)。这些平台的设计使系统得以灵活适应不同的监测场景。

GB-SAR系统的高度稳定性和高分辨率成像能力是实现精确差分干涉

测量的核心技术要素[10]。当前,多数 GB-SAR 系统采用步进频率连续波(stepped-frequency continuous wave,SFCW)信号体制,这种体制能够在满足系统稳定性的同时提供高分辨率的成像性能。

GB-SAR 的显著特点主要体现在两个方面:一方面,GB-SAR 具备区域性监测能力,可对目标区域进行全面覆盖和持续监测;另一方面,系统能够在固定位置部署,通过非接触方式对监测区域实施高精度测量,有效保障设备和人员安全。此外,GB-SAR 支持长时间连续观测,能够捕捉形变随时间变化的规律,为灾害早期预警提供重要参考。与单点监测相比,GB-SAR 的优势在于其大面积覆盖能力,可以完整评估整个区域的形变状况,更有助于揭示地质变形机制及预测潜在风险。

在研究进展方面,GB-SAR 的原理样机已成功开发,并通过一系列实验验证其性能与可行性。该技术目前已广泛应用于地质灾害、矿山开采、水坝安全等形变监测领域,实现了从原理验证到工程应用的转变。通过不断优化系统设计,GB-SAR 的精确监测能力显著提升,为复杂环境中的形变动态感知提供了强有力的技术支持。

综上,GB-SAR 凭借其非接触、高分辨率和时空连续观测能力,已成为形变监测领域的重要技术手段。GB-SAR 在灾害预警、地质研究和工程安全监测中的广泛应用,充分体现了其极高的实际价值和发展潜力。

2.2.2 按雷达与目标的相对运动分

根据雷达与目标之间的相对运动情况可以把 SAR 分为常规意义的合成孔径雷达、逆合成孔径雷达(inverse synthetic aperture radar,InSAR)和 SAR-InSAR 混合型合成孔径雷达[11]。其中,常规意义的合成孔径雷达指雷达相对于目标运动,目标保持静止;逆合成孔径雷达则相反,指雷达固定不动,目标相对雷达运动;混合 SAR-InSAR 指雷达与目标均有相对运动的情况(常规意义的合成孔径雷达用于动目标成像的情况,属于这种情形)。图 2.5 给出了逆合成孔径雷达成像示意图。

SAR 与 InSAR 虽然在原理上相同(依靠发射大时宽带宽信号获得距离向的高分辨率,方位向通过孔径合成原理获取高的方位向分辨率),但其难点和复杂程度有所不同。

SAR 主要以固定地物为目标,参数分析相对简单。然而,由于其成像范围广、覆盖面积大,产生的数据量较为庞大,信号处理过程也较为复杂且计算量较

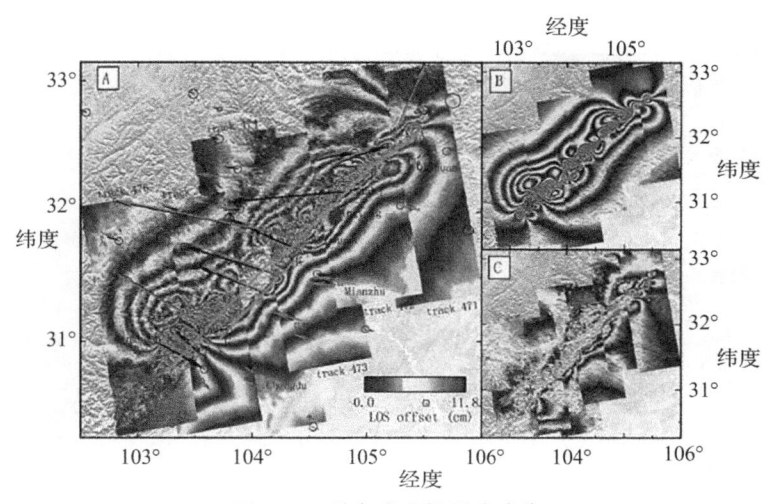

图 2.5 逆合成孔径雷达成像

大。InSAR 主要针对的是非合作的飞行目标(包括飞机、卫星、导弹等),尽管处理数据量小(如果进行多目标成像,则 InSAR 也存在运算量大的问题),但对于匹配滤波的参数估计相对比较复杂。

InSAR 技术在地球动力学方面应用广泛。图 2.5 为在 2008 年汶川地震中应用 InSAR 技术获取的同震位移和震后形变,从而可分析由于地震的主震所造成的地表形变,最终可分析地震周期及演化过程。

2.2.3 按成像工作模式分

SAR 可以按照不同的方式进行工作,以便为不同的需要提供多种分辨率、观测带宽度或极化方式的雷达图像。SAR 系统具有多种工作模式,包括条带模式、扫描模式(Scan – SAR)、聚束模式、滑动聚束模式、马赛克模式和 TOPS 模式等[12]。这些工作模式各具特点,其详细特性如表 2.1 所示。

表 2.1 SAR 工作模式特点

序号	工作模式	对天线要求	连续成像能力	特点
1	条带模式	不扫描	有	传统成像模式,技术成熟
2	扫描模式	距离向扫描	有	能实现大幅宽成像,一般用于大范围普查,但方位分辨率较低,有较强的"扇贝效应"①,且辐射校正较困难

37

续表

序号	工作模式	对天线要求	连续成像能力	特点
3	聚束模式	方位向扫描	无	能实现高分辨率精细成像,但成像区域小,一般用于定点侦察监视
4	滑动聚束模式	方位向扫描	无	能实现较高分辨率成像,成像区域介于条带和聚束之间
5	马赛克模式	距离方位二维扫描	无	能实现高分辨率宽观测带成像,但以增大天线扫描范围为代价
6	TOPS 模式	距离方位二维扫描	有	以方位分辨率降低为代价实现大幅宽成像,通过方位向天线扫描消除"扇贝效应"

注:①在扫描模式下,SAR 成像的幅度图像可能在方位向周期性地出现不均匀性,这种现象称为"扇贝效应"。

2.2.3.1 条带模式

条带合成孔径雷达(Strip – SAR)是一种应用最为广泛的合成孔径雷达成像模式。在此模式下,雷达波束的指向始终固定,与飞行平台保持相对稳定的角度。随着平台的移动,雷达波束连续扫描地面区域,从而形成一条延展的条带状成像区域,因此被称为条带模式。条带的长度与飞行平台的移动距离直接相关,覆盖范围广且连续。

根据雷达天线波束指向与飞行航线的关系还可以把 Strip – SAR 细分为正侧视和斜侧视两种方式,如图 2.6 所示。在正侧视模式下,雷达波束始终保持与飞行平台固定的相对位置,其指向通常与飞行轨迹垂直;而在斜侧视模式下,雷达波束的指向与飞行轨迹之间的夹角并非垂直,天线法线与飞行方向之间的夹角通常小于 90°[12]。

条带模式(stripmap mode)是最基本的 SAR 工作模式,图 2.7 所示为条带模式 SAR 的工作示意。

在条带模式中,雷达系统的方位向分辨率主要受天线孔径的影响。与其他成像模式相比,Strip – SAR 具备较高的成像效率,能够在大面积范围内提供连续的影像数据。其成像原理和稳定的波束指向,使其成为广域侦察、地形绘制和环境监测等应用中的核心技术手段。

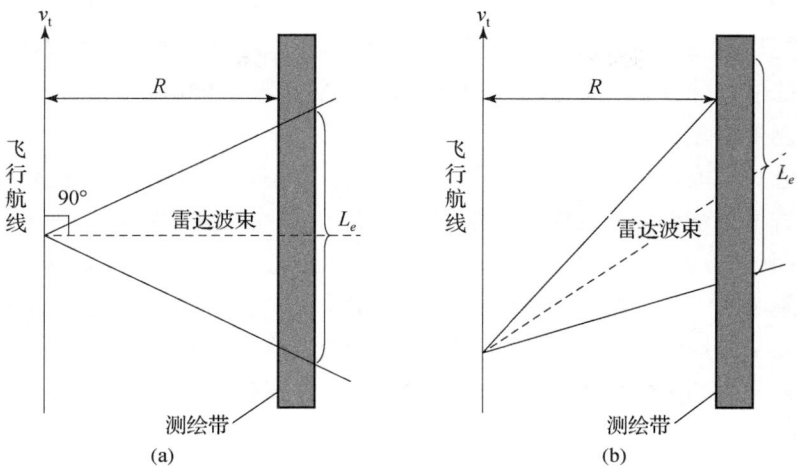

图 2.6 条带合成孔径雷达
(a)正侧视;(b)斜侧视。

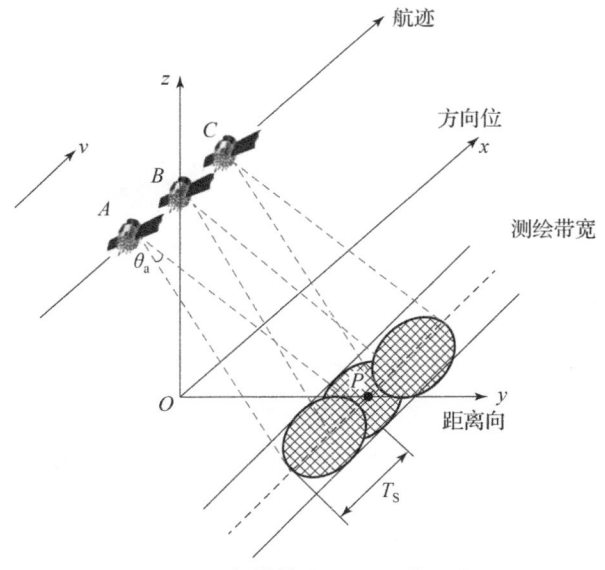

图 2.7 条带模式 SAR 工作示意

2.2.3.2 扫描模式

扫描模式(scan mode)是一种为满足宽观测带需求而设计的特殊工作模式。在此模式下,SAR 系统的天线在一个指定的距离方向上发射脉冲并接收相应的

39

回波,形成一个子观测带的回波数据块。随后,天线波束迅速跳转到下一个距离方向,重复发射和接收过程,逐步获取多个相邻且平行的子观测带回波数据。通过后续的成像处理和距离方向上的数据拼接,扫描模式能够实现比条带模式更宽的观测带覆盖。

尽管扫描模式显著扩展了观测带宽,但这一模式的设计一定程度地牺牲了雷达的方位分辨率。其工作原理如图2.8所示,每个天线波束在方位方向上覆盖的地面区域远大于其驻留时间内平台的移动距离。这种特点使扫描模式在宽幅区域观测和大面积监测任务中具有显著优势,但对细节分辨能力要求较高的任务存在一定局限性。通过科学合理地分配波束在各位置的驻留时间,可以实现观测带宽内的无缝覆盖,从而生成连续的SAR图像,确保观测区域内没有数据缺失[14]。

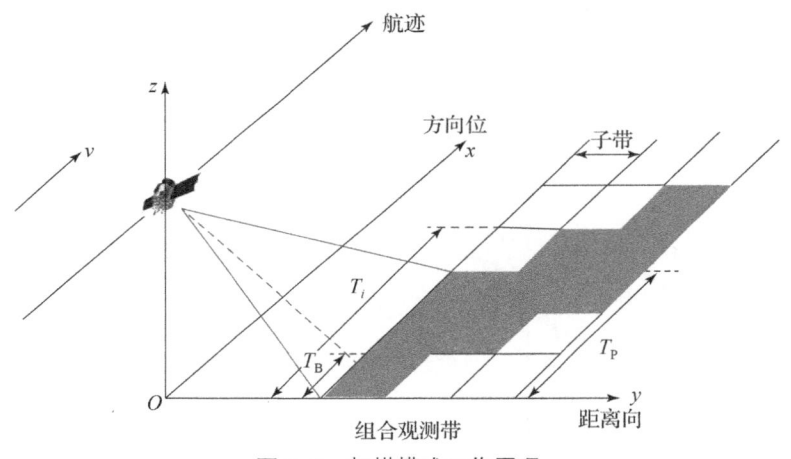

图2.8 扫描模式工作原理

扫描模式要求雷达系统具有一维波束快速扫描能力,使天线波束可沿距离向在多个波位上交替工作[3,15]。当SAR系统处于扫描模式时,雷达天线在一个特定的波束指向上发射一系列脉冲并接收回波信号。随后,天线调整其距离向波束指向,跳转至另一个方向继续发射和接收。每个波束指向所覆盖的区域称为"子观测带",或简称为"子带"。通过多次跳转,如果距离向存在N_a个子带,则整体观测宽度将是条带模式SAR观测宽度的约N_a倍,从而显著扩展距离向的覆盖范围。

在扫描模式下,SAR的观测带宽可做到400~500km,这时要求天线在距离方向能有2~4个波束设置,它们相互之间要能有5%~10%的观测带重叠。

SAR 的波束在这几个位置上驻留时间都不是一个合成孔径时间,能够获得的最佳方位分辨率等于条带模式下的方位分辨率与扫描条带数的乘积。通过这种方式,牺牲了方位向分辨率而获得了宽的测绘带,在要求宽观测带、中低分辨率时特别有用。

在扫描模式成像过程中,在方位向上只选取目标的部分合成孔径数据进行成像。这种"截断"操作使不同方位位置的点目标对应于天线方向图的不同部分。

因此,扫描模式的图像幅度会受天线方向图幅度调制。图 2.9 所示为 Terra – SAR – X 经过辐射校正前的扫描模式图像,可以明显看出"扇贝效应"的存在。

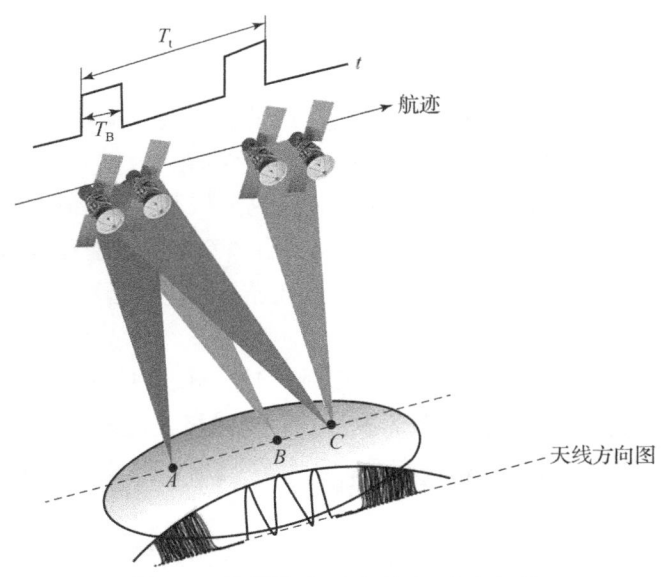

图 2.9 扫描模式"扇贝效应"产生机理

2.2.3.3 聚束模式

聚束合成孔径雷达(spot – SAR)(图 2.10)是一种高分辨率成像模式,其特点是在雷达飞行过程中,波束始终聚焦于一个特定的目标区域。该模式通过雷达与目标之间的相对多普勒信息进行处理,获得更高的方位向分辨率。与传统雷达相比,聚束模式采用更精细的波束控制,具有"持续注视"的特性,可对小范围目标区域进行精确观测。

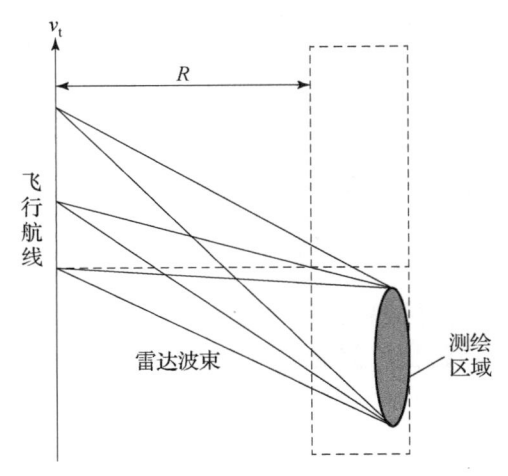

图 2.10　聚束合成孔径雷达

在聚束模式(spotlight mode)下,雷达天线的波束会根据运载平台的飞行轨迹动态调整指向,以确保始终照射在同一个目标区域。该模式通过延长合成孔径时间和累积更多的回波信号,实现方位向超高分辨率,超越条带模式对天线方位向孔径的分辨率限制。其成像过程依赖平台飞行轨迹的直线假设,通过相干叠加和精确控制波束指向,进一步延长合成孔径长度,从而显著提升目标成像的精度和细节捕获能力。

此外,聚束模式中的天线可以采用多种设计形式,如喇叭天线、抛物面天线或相控阵天线,灵活适应不同任务需求。这一模式极大地增强了雷达对特定区域的高分辨率成像能力,是精确观测、详细信息提取以及重要目标监视的关键手段。

需要注意的是,聚束模式的波束指向并不能无限向后调整,最终仍需调回前向。这种波束调整特性决定了聚束模式下的地面覆盖区域具有不连续性,即一次仅能对地面上的一个有限区域进行成像。

在聚束模式下,SAR 通过集中照射特定感兴趣区域,获取高精度图像[16]。与条带模式相比,聚束模式虽然在天线长度固定的情况下成像覆盖范围较小,但其优势在于能够对多个小范围场景实现方位向高分辨率成像。这种能力使聚束模式成为精确观测的重要选择。此外,在单次成像过程中,聚束模式还可以通过多视角观测对同一目标区域进行详细分析,从而显著提升目标识别的精度和能力,为复杂场景下的精细信息提取提供了可靠支持。

2.2.3.4 滑动聚束模式

滑动聚束模式(sliding spotlight mode)是介于条带模式和聚束模式之间的一种SAR工作模式。在条带模式中,雷达天线波束始终与平台运动轨迹保持垂直,并固定指向某一方向,天线波束在地面上的脚印随着平台运动连续移动,从而形成条带成像。尽管方位向成像范围理论上没有限制,但天线长度约束了方位向分辨率。

为提高方位向分辨率,聚束模式通过在整个数据采集过程中将天线波束指向地面同一目标区域来增加有效的方位向合成孔径长度。然而,这种分辨率的提升是以延长方位向波束照射时间为代价的,导致覆盖范围较小。

滑动聚束模式则结合了条带模式的广覆盖特点与聚束模式的高分辨率能力。其主要特点是控制天线波束指向目标区域的中心位置偏离成像场景的中心。这样可以实现比聚束模式更大的方位向覆盖范围,同时获得比条带模式更高的方位向分辨率。当天线波束始终指向成像区域中心时,为纯聚束模式;当天线波束完全随平台轨迹移动时,则退化为条带模式。因此,条带模式和聚束模式可以被视为滑动聚束模式的两个极端情况。

滑动聚束模式SAR工作原理如图2.11所示,其关键在于通过调节天线扫描速度,控制波束在地面上的移动速度。这种扫描速度受多个因素影响,包括观测带中心距离、平台运动速度以及地面波束移动速度。分辨率不仅取决于天线的方位尺寸,还与平台速度及波束移动速度密切相关。通过优化波束移动速度,滑动聚束模式可以灵活调整方位向分辨率,以适应不同的观测需求,为广泛的场景应用提供了灵活性和高效性。

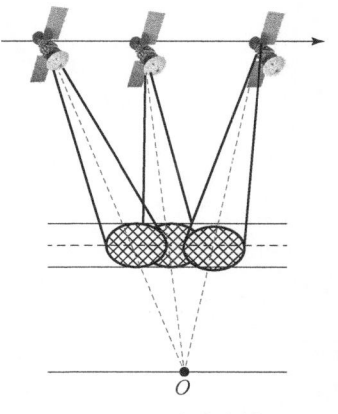

图2.11 滑动聚束模式SAR工作原理

2.2.3.5 马赛克模式

马赛克模式(mosaic mode)是为了获取高分辨率、大覆盖面积的图像而提出的一种成像模式。其实质上是聚束(滑动聚束)型扫描模式。该模式通过距离向多子带扫描扩展成像观测范围,并在每个子带内采用聚束或滑动聚束方式提升方位分辨率。

图 2.12 所示为马赛克模式 SAR 工作示意图。在马赛克模式中,天线沿距离向扫描以获取更宽的观测带。首先,天线指向观测带的近端,并驻留足够时间以合成该区域的 SAR 图像;随后,天线指向下一个位置,继续合成该区域的图像,以此类推。在方位向,为了获得较高的分辨率,克服扫描模式 SAR 方位分辨率普遍不高的缺点,采用聚束成像或滑动聚束成像的模式,通过控制雷达天线照射区域在地面的移动,来获得较高的方位分辨率。

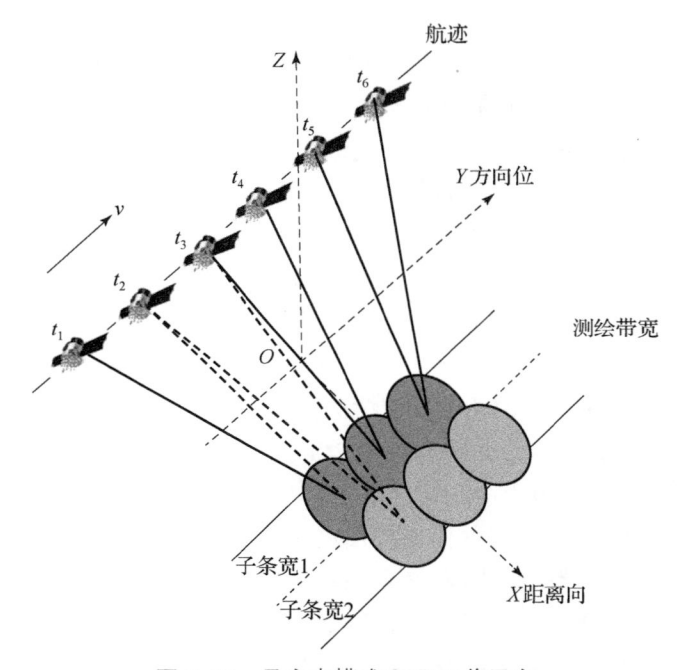

图 2.12 马赛克模式 SAR 工作示意

马赛克模式下,地距分辨率和传统扫描 SAR 类似,与入射角以及发射信号带宽有关。而在方位向,虽然通过聚束成像或滑动聚束成像模式有效提高了分辨率,但是由于合成孔径时间被多个子观测带分割,与全孔径的聚束或滑动聚束 SAR 相比,方位分辨率明显降低了。

2.2.3.6 TOPS 模式

扫描模式 SAR 凭借其宽观测带能力被广泛应用。然而,该模式的成像原理决定了其在实际工作中存在一些固有缺陷。扫描模式在每条子观测带内采用非连续驻留数据块(burst)的方式,导致出现"扇贝效应"。此外,由于方位向天线波束的不完全覆盖,系统的方位模糊比(AASR)与噪声等效后向散射系数($NE\sigma_0$)会随目标方位位置变化显著波动,不利于后续精确数据处理和应用。

为克服上述问题,相关研究人员提出了循序扫描地形观测(terrain observation with progressive scans,TOPS)模式。TOPS 模式在扫描模式的基础上,通过改进波束指向调整策略,实现了对扫描模式缺陷的有效改进。在 TOPS 模式中,雷达波束不仅在距离向进行周期性跳转,还在方位向采用由后向前的扫描方式,以加快对地面信息的获取速度。通过这种独特的扫描方式,TOPS 模式不仅保留了扫描模式的宽观测带特性,还有效克服了"扇贝效应",并减弱了方位模糊比的方位不一致性。TOPS 模式工作示意如图 2.13 所示。

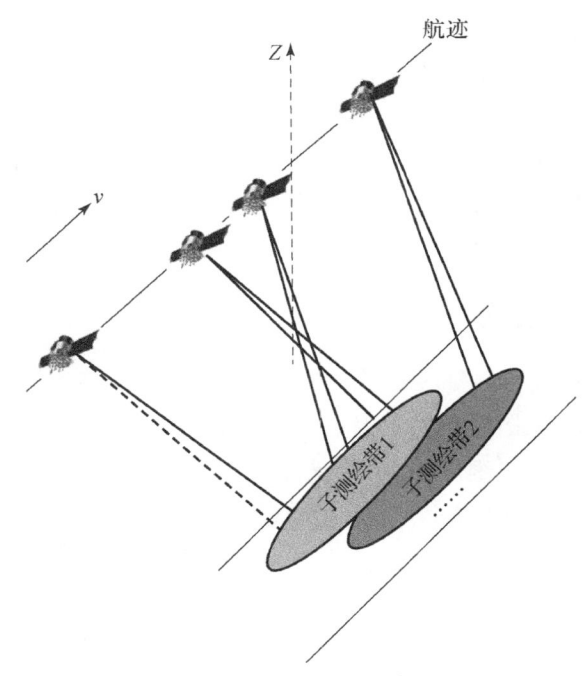

图 2.13 TOPS 模式工作示意

具体而言,在扫描模式中,完整的合成孔径时间被划分为多个时间段,分别分配至各条子观测带,从而实现分时成像。然而,扫描模式的波束指向调整仅限于距离向,方位向的覆盖能力不足。TOPS 模式则通过主动的方位向波束扫描,使雷达能够快速获取多条子观测带的信息,同时保证方位向覆盖的均匀性和一致性。这一改进使 TOPS 模式在宽观测带成像时既能保持高分辨率,又能有效提升数据质量,适用于对宽幅、高精度成像的严苛需求。

TOPS 模式通过结合距离向跳转与方位向波束扫描,突破了扫描模式的局限性,为多场景、多波段的广域观测提供了技术支持。这种工作模式的出现不仅丰富了 SAR 的成像模式,也为复杂场景的对地观测任务提供了重要保障,显著增强了 SAR 系统的实战效能和数据应用能力。

为了加快雷达获取地面信息的速度,方位向波束扫描方向和雷达装载平台运动方向一致,即从后往前(与聚束模式波束扫描方向相反),因此效果也与聚束模式相反,会引起方位分辨率的下降。然而,在同样的时间间隔内,TOPS 模式能获得比标准条带模式 SAR 更长条带的数据。

2.2.4 按信号处理分

根据信号处理的方式不同,可以把 SAR 分为聚焦式和非聚焦式。SAR 在飞行过程中,同一目标的回波信号在相位上存在一定的差异,如果不对相位差(距离差 ΔR 所造成的)补偿就进行方位处理,则处理增益较低,从而方位分辨率也较低,这便是非聚焦处理;如果对相位差补偿后进行处理,则处理增益较高,分辨率也较高,被称作聚焦处理。

2.2.5 按成像维度分

根据成像的维度可以把 SAR 分为一维、二维和三维像雷达。其中,一维像雷达指距离上通过宽带匹配滤波获取的高分辨率距离像(一般用在 ISAR 中);常规意义上的 SAR 为二维像雷达,除宽带高分辨率距离像外,还在方位上通过孔径合成原理获取高的方位分辨率;三维像则是在常规二维像的基础上,利用两套俯仰布设天线接收信号的差拍获取目标的高度信息,也就是经常提到的干涉 SAR。

2.2.6 其他分类

除上述的分类外,还存在以下的分类方法。

根据极化方式把 SAR 分为单极化、双极化和多极化等类型。

根据波段把 SAR 分为 UHF、L、S、C、X、Ku、Ka、毫米波波段以及多波段合成孔径雷达等类型。

根据发射与接收的方式把 SAR 分为单基地 SAR 和多基地 SAR 等类型。

第 3 节　合成孔径雷达工作原理

SAR 作为一种高分辨率成像技术,已广泛应用于军事侦察、环境监测、灾害评估等多个领域。SAR 的工作原理主要依赖其独特的信号处理方法和平台运动机制,通过合成一个虚拟的大天线孔径来获取高方位分辨率图像[17]。本节将详细介绍 SAR 的基本工作原理,重点分析其信号特征、方位向和距离向的分辨率计算方法,以及影响 SAR 成像性能的关键因素。

2.3.1　信号特征

要检测一个长度为 L 的目标,需要多少分辨率才可以看清呢? 如图 2.14 所示,以飞机为例,假设飞机长度为 L,我们用 $L/5$、$L/10$、$L/20$ 的小方块去依次覆盖这样的目标,就可以得到名义分辨率的估计。通过这样的覆盖,我们可以看到,检测目标一般需要 $L/5$ 的名义分辨率,辨识目标的形状需要 $L/20$ 的名义分辨率。

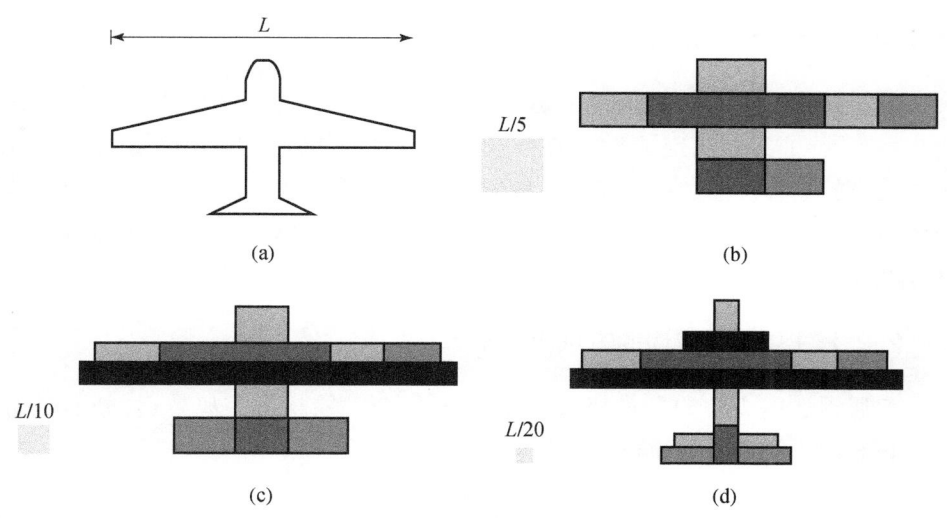

图 2.14　以飞机为例分析名义分辨率

(a)名义分辨率为 L;(b)名义分辨率为 $L/5$;
(c)名义分辨率为 $L/10$;(d)名义分辨率为 $L/20$。

名义分辨率的定义是,映射到图像平面上的单个像素的景物元素的尺寸。因此,针对不同的目标,需要雷达具有不同的名义分辨率才可以形成清晰的图像。例如,检测高速公路、农田、机场等,需要雷达名义分辨率 25～35m;检测街道结构、大建筑物形状、小型机场等,需要雷达名义分辨率 10～20m;检测船只、车辆、房屋建筑等,需要雷达名义分辨率 2～6m;检测人等,需要雷达名义分辨率 0.1～0.4m,甚至更低。

SAR 通过利用平台的运动形成一个虚拟的大天线孔径,从而在方位向和距离向两个维度实现高分辨率成像。在 SAR 成像过程中,雷达天线通过沿平台轨迹的运动,逐步采集来自目标区域的回波信号。随着天线在空间中随位置移动,雷达信号在时间和空间上的不同采集点产生的回波信号发生相位差,这种相位差与目标的距离变化紧密相关。由此,SAR 能够通过回波信号的多普勒效应和相位变化生成带宽扩展的方位向信号,形成类似距离向信号的高分辨率信号。

在信号处理过程中,SAR 系统利用先进的信号处理算法对所采集的回波数据进行相移和叠加,以此合成一个"虚拟孔径",从而获得一个极为窄的方位向波束。在这一过程中,即便是使用小型物理天线,也能够通过合成一个长的虚拟天线孔径,显著提高方位向分辨率,最终获得高分辨率的图像。因此,SAR 的成像原理依赖于精确的时间和空间信号处理技术,以达到高分辨率成像的目的。

2.3.2 方位向分辨率

方位向分辨率是 SAR 系统中衡量雷达在目标方位方向上的分辨能力的关键指标[7,9]。它直接决定了 SAR 在方位方向上对地物特征的分辨能力,是 SAR 成像技术的核心特性之一。SAR 的方位向分辨率通过虚拟大孔径技术实现,与传统雷达不同,它在平台运动过程中利用多普勒效应来合成一个"巨大的天线孔径",突破了传统雷达分辨率与天线孔径和探测距离之间的限制。

2.3.2.1 普通雷达的方位向分辨率

普通雷达的方位向分辨率与探测距离紧密相关,探测距离越远,分辨率越低。普通雷达的方位向分辨率公式为

$$\rho = \frac{\lambda}{D} r \tag{2.1}$$

式中:λ 为雷达发射电磁波波长(m);D 为雷达孔径长度(m);r 为探测距离(m)。探测距离越远,相同分辨率条件下要求的孔径长度就越长。

由式(2.1)可知,在探测距离 r 较远的情况下,为了达到较高的分辨率,普通雷达需要较大的天线孔径。然而,这在实际工程应用中会受到天线尺寸、平台载

荷能力等因素的限制,因此传统雷达在方位向分辨率上存在显著的技术瓶颈。

2.3.2.2 合成孔径雷达的基本原理

为突破传统雷达在方位向分辨率上的限制,20世纪50年代提出了"合成孔径"的思想。SAR通过平台的运动利用回波信号相干处理技术,虚拟出一个比物理天线大得多的合成孔径,从而实现高分辨率成像。

SAR的核心在于天线的运动过程中,通过采集不同位置的回波信号并进行相干叠加,形成一个虚拟的"大天线孔径"。这种合成孔径长度可以达到数百到上千千米,而实际天线的物理尺寸只需要满足基本的信号发射和接收要求。

平台的运动使目标产生多普勒频移,而多普勒频移的大小与目标在方位方向上的相对速度有关。在SAR成像过程中,随着平台移动,不同位置的目标会呈现线性多普勒频率变化。SAR利用这一变化对目标回波信号进行处理,从而在方位方向上合成一个"窄波束",获得高分辨率图像。

2.3.2.3 方位向分辨率公式

20世纪50年代,人们提出了利用平台运动虚拟出一个大天线孔径获得高方位分辨率的思想,即合成孔径。雷达通过搭载平台沿一个固定的轨迹运动,把不同位置的回波集合起来进行处理,等效成一个巨大的孔径。这种虚拟孔径随着平台运用的轨迹可以达到上千千米,从根本上解决了高方位分辨率所需的大孔径。这种雷达就称为合成孔径雷达。SAR的方位向分辨率公式为

$$\rho_x = \frac{\lambda}{2} \tag{2.2}$$

式中:λ 为雷达发射电磁波波长(m)。可以看出,SAR的方位向分辨率只与雷达发射电磁波波长有关,这就从原理上说明SAR在方位向上解决了分辨率的问题。

2.3.2.4 方位向分辨率的影响因素

SAR的方位向分辨率受多种因素影响,包括信号处理、平台运动特性以及成像模式等[2]。

1) 波长与方位向分辨率

较短波长的雷达信号能够提供更高的分辨率,但同时也对系统的频率稳定性、天线设计和硬件性能提出更高的要求。例如,X波段SAR系统由于波长较

短,通常能够实现优于 1m 的分辨率。

2) 合成孔径长度

合成孔径长度由平台的飞行速度和成像时间决定。更长的合成孔径意味着更高的分辨率,但同时也增加了信号处理的复杂性和对平台稳定性的要求。

3) 平台运动特性

SAR 平台的稳定性直接影响成像质量。例如,平台的姿态变化和速度波动可能导致回波信号的相位失配,从而降低分辨率。这需要通过精确的运动补偿算法来校正。

4) 成像模式

不同的成像模式(如条带模式、聚束模式、滑动聚束模式等)对方位向分辨率的要求不同。聚束模式通过增加波束在目标区域的驻留时间,能够实现更高的分辨率;而条带模式更注重成像范围的宽度。

2.3.3 距离向分辨率

距离向分辨率(或斜距分辨率)是指 SAR 在探测目标时,对目标在距离方向上的分辨能力[1,15]。不同于方位向分辨率,距离向分辨率主要由雷达的脉冲宽度或信号带宽决定。为了实现高分辨率的成像,SAR 必须能够在极短的时间内获取并准确处理来自不同距离的回波信号。因此,距离向分辨率的提高需要通过脉冲压缩技术来实现,这一过程能够在不增加系统功率的情况下获得更高的分辨率。

2.3.3.1 距离向分辨率的基本原理

距离向分辨率反映了雷达对目标在沿观测方向上的分辨能力。设目标在地面上的距离为 R,其对应的雷达回波信号在空间中的传播延迟为 $\tau = 2R/c$,其中 c 为光速。根据雷达系统的工作原理,雷达通过发射脉冲并接收从目标反射回来的回波信号,利用回波信号的时间延迟来测定目标的距离,如图 2.15 所示。雷达系统的脉冲宽度(发射信号的时长)和信号带宽(频率范围)决定了其在距离向的分辨率。

在 SAR 中,距离向分辨率由以下公式给出:

$$\Delta R = \frac{c}{2B} \tag{2.3}$$

式中:B 为雷达系统的信号带宽;c 为光速。可以看出,距离向分辨率与信号带宽成反比。也就是说，带宽越大，分辨率越高。为了实现高分辨率的成像，SAR 需要具备较宽的带宽，这意味着系统需要能够发射频带宽大的脉冲信号。

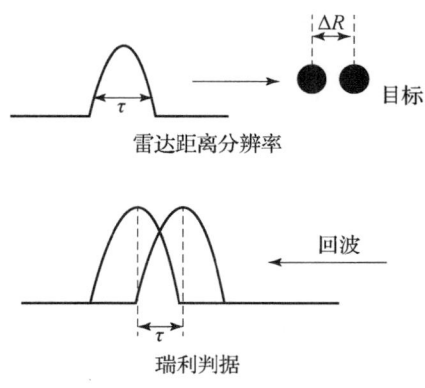

图 2.15　SAR 距离向分辨率分析

2.3.3.2　距离向分辨率与斜距分辨率的关系

由于 SAR 的成像方式与传统雷达不同，SAR 系统通过平台的运动合成孔径来获得方位向的高分辨率，在距离向上则依赖信号的带宽来实现分辨率。因此，距离向分辨率通常称为斜距分辨率，指的是从雷达到目标在斜距方向上的分辨能力。

斜距分辨率 ΔR 可以通过以下关系来确定：

$$\Delta R = \frac{c \cdot \tau}{2} \tag{2.4}$$

式中：τ 为信号的脉冲宽度。这个式(2.4)表明，脉冲宽度越窄，分辨率越高。当 SAR 工作在较大的观测角度时，斜距分辨率通常和目标的地面分辨率不完全相等。为了更好地理解这一点，可使用斜距分辨率和地面分辨率的转换公式。在卫星 SAR 中，假设雷达的斜距角度为 θ，地面分辨率与斜距分辨率之间的关系为

$$\Delta Y = \frac{\Delta R}{\sin\theta} \tag{2.5}$$

因此，在 SAR 成像中，地面分辨率随着侧视角的变化而变化，通常情况下，目标越接近卫星星下点，地面分辨率越低。为了获得更好的地面分辨率，SAR 必须通过侧视角成像，避免直接面对星下点的成像问题。如果雷达侧视角为 0，即正对星下点成像时，地面分辨率恶化得非常厉害，这也正是星载 SAR 一定要侧视成像的主要原因。图 2.16 所示为卫星星下点示意。

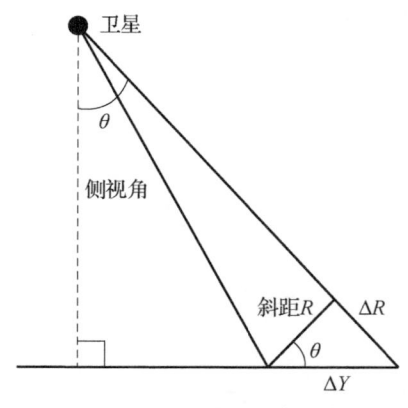

图 2.16 卫星星下点示意

2.3.3.3 脉冲压缩技术

为了实现更高的距离向分辨率,SAR 系统采用了脉冲压缩技术。脉冲压缩是通过对发射的长脉冲信号进行调频和后处理,使接收到的回波信号在时间上压缩,从而提升分辨率。具体来说,脉冲压缩利用线性调频(chirp)信号来增强带宽,进而提升分辨率。

线性调频信号是通过将脉冲的频率在时间内线性调制,生成一个带宽较宽的信号。具体地,线性调频信号的频率从起始频率 f_1 线性增加到终止频率 f_2,其频带宽度 B 为

$$B = f_2 - f_1 \tag{2.6}$$

当这种线性调频脉冲发射出去并反射回来后,接收机会对其进行匹配滤波。匹配滤波的目的是将不同频率成分的回波信号根据其到达时间进行适当延时,从而使所有频率成分能够同时到达输出端,达到压缩脉冲的效果。通过脉冲压缩,信号的时间宽度减少,从而提升了系统的距离向分辨率。图 2.17 所示为线性调频信号脉冲压缩示意。

压缩网络的频率 - 时延特性也按照线性变化,但为负斜率,与信号的调频斜率相反,具体如图 2.18 所示。

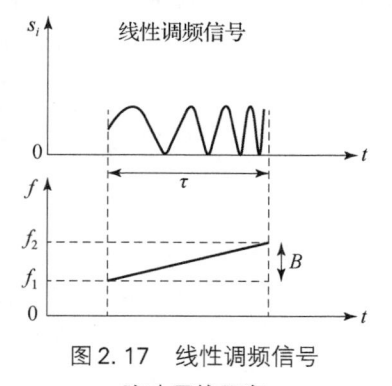

图 2.17 线性调频信号脉冲压缩示意

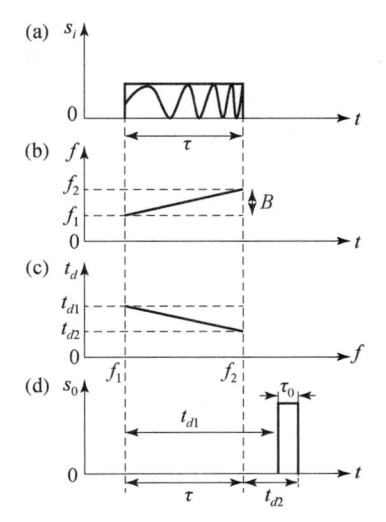

图 2.18 线性调频信号脉冲压缩流程示意图
(a) 接收机输入线性调频脉冲;(b) 输入脉冲内载频的调制特性;
(c) 压缩网络的频率-时延特性(匹配滤波过程);(d) 压缩网路的输出包络。

线性调频信号低频分量就先进入网络,时延最长,相隔一个脉宽的高频信号最后进入网络,时延也最短。

这样,线性调频脉冲的不同频率分量几乎同时从匹配网络输出,就实现了脉冲压缩。

匹配滤波后,可得到地距分辨率:

$$\Delta Y = \frac{\Delta R}{\sin\theta} = \frac{c\tau}{2\sin\theta} = \frac{c}{2B\sin\theta} \tag{2.7}$$

因此,为实现高距离分辨率,雷达系统通常利用脉冲压缩技术,通过发射宽带信号实现目标的精确定位。线性调频信号是脉冲压缩技术中常用的一种信号形式。

信号处理过程可分为四个主要步骤:一是发射信号,在发射阶段,雷达发射一个线性调频信号,其频率随时间线性增加。该信号的带宽 B 决定了最终的距离分辨率,带宽越大,分辨率越高。这种宽带信号可以在有限的脉冲时宽内积累足够的能量,从而确保探测能力。二是回波接收,当线性调频信号照射到目标后,目标将反射信号返回接收端。由于传播路径的不同,反射回波信号相较于发射信号会出现时间延迟,但仍保持与发射信号相同的线性调频特性。此时,回波信号携带了目标的距离信息。三是匹配滤波,接收到的回波信号经过匹配滤波器处理。匹配滤波器的作用是对回波信号的频率特性进行逆变换,将其各频率分量在时间上对齐。这一过程将回波信号的能量集中,从而实现信号的时间压缩和能量放大。匹配滤波是实现脉冲压缩的关键步骤,能够显著提升信噪比(SNR)和系统探测能力。四是输出信号,通过匹配滤波后的输出信号呈现较窄的脉冲宽度,距离向的分辨率由信号带宽 B 决定,与脉冲时宽无关。这一过程有效克服了传统雷达系统在使用长脉冲信号时分辨率下降的问题,从而实现了高分辨率成像。

通过脉冲压缩技术,雷达系统可以在发射长脉冲信号(以积累足够能量)的同时,利用匹配滤波在接收端实现信号的压缩,从而获得与短脉冲信号相当的分辨率。这种技术在保持探测能力的基础上大幅提高了系统的距离分辨率,是现代雷达系统中不可或缺的关键技术。

2.3.3.4　距离向分辨率的影响因素

在实际应用中,SAR 的距离向分辨率受到多种因素的影响,主要包括四点:一是信号带宽,带宽越大,距离向分辨率越高。为了获得更高的分辨率,系统通常需要较大的带宽,这也意味着更高的发射功率和更复杂的信号处理技术。二是脉冲宽度,脉冲宽度是影响距离分辨率的关键因素。通常情况下,脉冲宽度越小,分辨率越高。为实现高分辨率成像,必须采用高带宽脉冲信号。三是平台速度,平台速度对 SAR 系统的成像能力有一定影响。较高的速度有助于实现更高的方位向分辨率,同时也可能影响距离向的成像效果。四是天线尺寸,天线尺寸直接影响信号的接收能力和发射带宽,从而影响分辨率。在设计 SAR 系统时,天线的尺寸和布局需要根据具体应用来进行优化。

距离向分辨率是 SAR 成像的重要参数之一,它决定了雷达在目标方向上的精确度。通过脉冲压缩技术,雷达能够通过发射宽带信号并进行后续的信号处理,显著提高距离向分辨率。线性调频脉冲是实现脉冲压缩的关键技术,其优越的性能使 SAR 得以在较小的物理天线条件下,达到高分辨率成像要求。随着技术的进步,脉冲压缩和带宽管理技术将进一步提升 SAR 系统在各种应用场景中的成像精度,推动其在遥感、军事侦察、环境监测等领域的广泛应用。

第 4 节　合成孔径雷达成像关键技术

本节重点探讨 SAR 成像关键技术[2,7]。SAR 成像过程复杂,涉及几何技术、目标分类、信号处理等多个方面,其成像特点与地面、目标及平台运动的关系密切关联。以下将对透视收缩、顶底位移和雷达阴影等成像几何特性,以及目标的几何特征进行分析,并总结 SAR 成像的关键挑战。

2.4.1 合成孔径雷达成像几何技术

SAR 成像几何技术在实际应用中具有重要意义,主要包括透视收缩、顶底位移和雷达阴影三种现象。

2.4.1.1 透视收缩

透视收缩是由雷达波束到达斜面顶部和底部的斜距差小于地面距离造成的现象。在 SAR 图像中,斜面长度被压缩,看起来比实际地形短。斜距 ΔR 和地面距离 ΔX 的差异导致地形在图像上的表现并不符合实际比例。透视收缩通常发生在雷达波束照射到同侧斜坡时,其示意如图 2.19 所示。

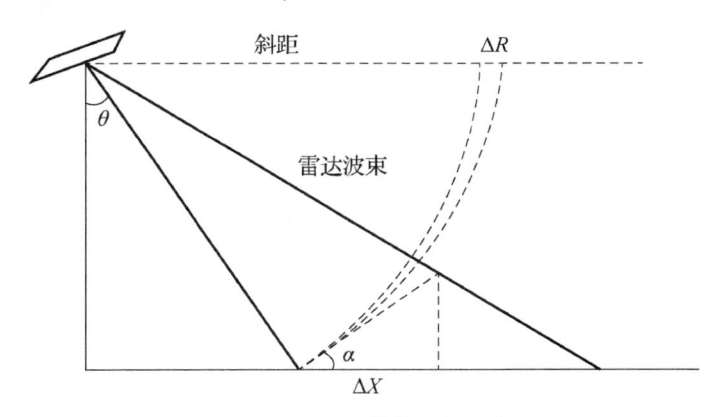

图 2.19 透视收缩几何示意

这种现象对复杂地形的成像会造成干扰,因此在数据处理时需要针对性校正,以恢复地物真实尺寸。透视收缩还可能导致误判,例如地形倾斜角度的高估或低估。

2.4.1.2 顶底位移

顶底位移是由于雷达波束到达斜坡顶部的时间早于底部,从而在图像中出现顶部和底部位置颠倒的现象。相较于光学中心投影成像,SAR 的成像机理使这种现象尤为显著。雷达波束优先接收到斜坡顶部的回波,随后接收底部的回波,这种点位的顺序差异在图像中表现为颠倒的地物投影,如图2.20所示。

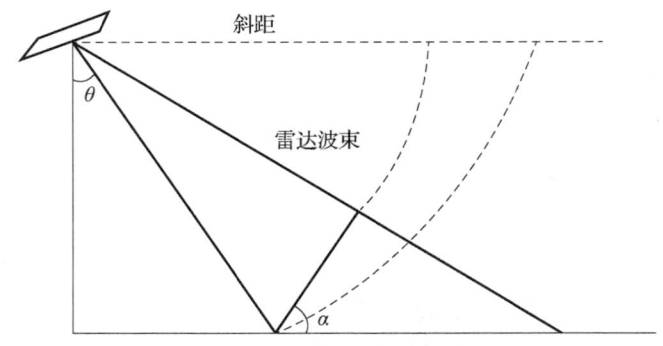

图 2.20 顶底位移(倒置)几何示意

当雷达侧视角 θ 小于地物倾斜角 α 时,更容易发生顶底位移现象,如图2.21所示。这种几何特性需要在解译 SAR 图像时予以重点关注,尤其是在高坡度地形中。

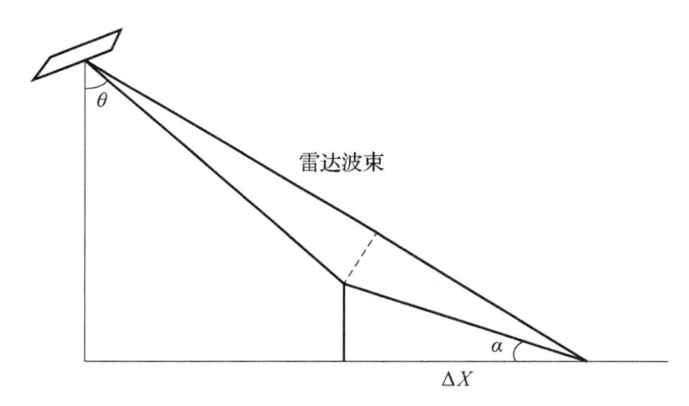

图 2.21 背坡的透视收缩几何示意

2.4.1.3 雷达阴影

雷达阴影是由于地形遮挡,雷达波束无法到达某些区域,从而在图像中形成无回波的黑色区域。雷达阴影的长度 L 由地物高度 h、侧视角 θ 和地物倾斜角度 α 决定。

如图 2.22 所示,当 $\theta + \alpha \geqslant 90°$ 在斜坡的背后有一地段雷达波束不能到达,因此地面上该部分没有回波返回到雷达天线,从而在图像上形成阴影。阴影的

景象呈黑色,阴影的长度 L 与地物高度 h 和侧视角 θ 有如下关系:

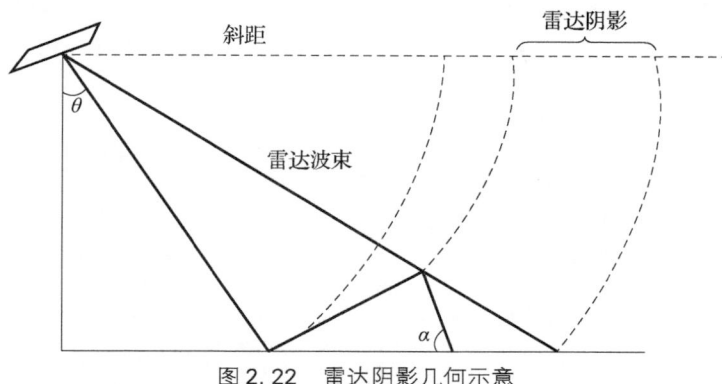

$$L = h \cdot \sec\theta \tag{2.8}$$

图 2.22 雷达阴影几何示意

图 2.23 中山区明显地存在上述雷达图像的几何特性。

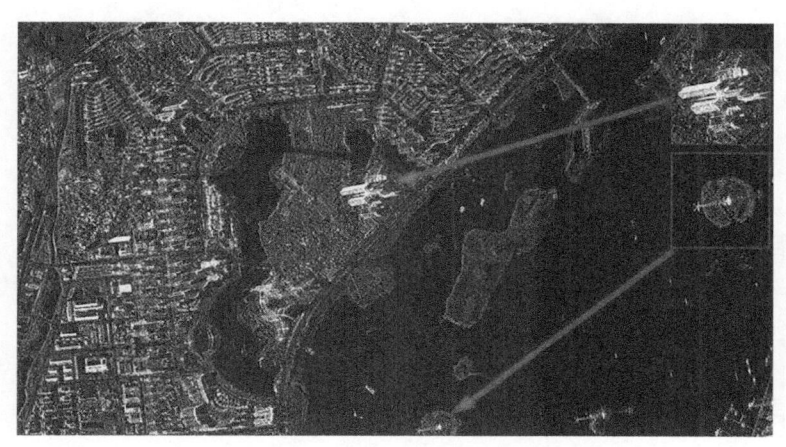

图 2.23 雷达图像的几何示意图

当雷达波束与斜坡形成大于 90°的夹角时,阴影效应更为显著。雷达阴影对山区和复杂地形的成像影响较大,可能导致部分目标无法被完全探测,需要通过多视角成像来补偿。

2.4.2 合成孔径雷达目标几何技术

SAR 图像中的目标按几何特征可以分为点目标、线目标、面目标和硬目标。目标几何特征直接影响目标识别和分类能力。

点目标是尺寸小于或接近图像分辨率的目标,通常表现为亮点。在战术应用中,坦克、舰船、车辆等都属于点目标。虽然点目标在图像上仅提供其存在的信息,但对战场侦察和武器定位至关重要,见图 2.24 中分辨率为 1m 的图像。然而,这些目标的像素信息仅能反映它的存在,而得不到它们的形状信息。

图 2.24　Radarsat-1 卫星获取的山区和湖泊图像

线目标包括自然或人工形成的线性特征,如铁路、公路、海岸线等。这类目标相对于中分辨率图像通常较窄,线性特征明显。人工线目标通常呈直线形状,而自然线目标表现为多弯曲、不规则的形态。

面目标由多个散射中心组成,常见于自然地物(如森林、农田)和海洋表面等。面目标之间的纹理差异是目标分类的主要依据,SAR 图像中的灰度变化直接反映面目标的散射特性。不同面目标间有着不同灰度、纹理的差别,而这种差别就成为识别面目标的依据。

硬目标是由强散射体组成的复杂结构,如飞机、建筑物、舰船等。在高分辨率 SAR 图像中,硬目标通常表现为一系列亮点或特定的几何形状。分辨率的提高可以显著增强对硬目标的识别能力。

目标的几何特征与 SAR 分辨率密切相关,有些目标在低分辨率 SAR 图像上是点目标,在高分辨率 SAR 图像上是硬目标。例如,坦克呈多边形、飞机呈"十"字形等,如图 2.25 所示。

图2.25　分辨率0.1m的飞机SAR图像

第5节　雷达方程

SAR的工作原理与常规的脉冲雷达相似,只是在距离分辨力和方位分辨力上采取了一些措施,使二维的分辨力提高到米量级或小于1m。

2.5.1　常规雷达方程

为什么要先讲雷达方程呢？"没有干扰不了的目标,也没有抗不了的干扰。"这句话应该很多人都听过。雷达和雷达对抗,既作为对手又相辅相成。

典型的雷达工作过程可以描述为:发射机产生脉冲信号,会通过天线发射出去,信号在传播过程中遇到障碍物会被散射到各个方向,接收天线收到部分信号后,送入接收机进行处理,最终收到目标的相关信息并进行显示[1]。从信号能量的角度来看,雷达能够检测到目标的前提是,接收回波功率必须大于等于接收机能够进行处理所需的最小功率,这个最小功率又称接收机灵敏度,它是雷达重要性能指标之一,反映了雷达接收微弱信号的能力。接下来将结合雷达的工作过程推导回波功率的计算公式。重点是理解在信号产生传播过程中,信号功率是怎么变化的。

雷达发射机产生一个脉冲信号,该信号的功率为发射功率P_t,发射功率主要影响雷达的探测能力,机载雷达的发射功率一般为几千瓦到几十千瓦。地面雷达的发射功率变化范围较大，最大可到兆瓦级。发射机产生的信号通过发射天线进入到空间中，天线向各个方向均匀辐射能量，那么信号所形成的传播范围是一个球体。对于雷达来说，若天线将发射的功率 P_t 全向地辐射出去，传播距离是 R 时，球的表面积是 $4\pi R^2$，则在距离雷达 R 处的球面上的功率密度 ρ_t 为

$$\rho_t = \frac{P_t}{4\pi R^2} \tag{2.9}$$

但在实际情况中，雷达会采用有方向性的天线使辐射能量更加集中，天线聚集能量的能力可以用天线增益和波束宽度来衡量。增益大小取决于天线物理结构，同时还与信号频率等因素有关。天线增益为实际功率密度与全向辐射天线功率密度的比值，代表天线输入功率的放大倍数。如果功率不是全向辐射，而是由增益为 G_t 的发射天线辐射出去，则在增益方向上的功率密度，即实际天线辐射向空间某一点的功率密度 ρ_{ts} 变为

$$\rho_{ts} = \frac{P_t G_t}{4\pi R^2} \tag{2.10}$$

在距离雷达 R 处有一个目标，假设目标是飞机，雷达信号会被飞机散射到各个方向，其中有一部分正好被反射到雷达接收机。飞机反射信号的能力用雷达反射截面积，也就是 RCS 来表征。RCS 越大表示对信号的反射能力越强，RCS 与物体几何外形、结构材料以及雷达工作频段、照射方向等因素有关。一般来说，机头、机尾方向上的 RCS 相对较小，而两侧正对方向上的 RCS 较大。我们通常所说的 RCS 值一般是指目标的平均 RCS 值。对我方目标来说，应该尽量减小自身 RCS。如美军的 F–22、F–35、B–2 等隐身飞机的 RCS 都非常小。

减小自身 RCS 通常通过设计独特的气动外形和对目标结构材料进行优化这两种途径来实现。例如 B–2 飞机借助计算机辅助设计对机体表面进行优化处理，有些飞机采用隐身材料。

知道飞机在信号入射方向上的反射截面积为 σ，便可将飞机想象成一个面积为 σ 的镜子，那么飞机反射的信号功率 P_1 就等于该点的功率密度乘以镜子的面积，即

$$P_1 = \frac{P_t G_t}{4\pi R^2} \cdot \sigma \tag{2.11}$$

雷达接收机和发射机一般同地部署，那么雷达发射机到飞机和飞机到接收机的距离均为 R。在距雷达 R 处的目标，经上述功率密度的电磁波照射后，电磁

波将反射回来,雷达信号从发射机到飞机和反射信号由飞机到雷达接收机球表面均为 $4\pi R^2$,则在雷达接收天线处得到目标后向散射波的功率密度是

$$NE\sigma_0 = \frac{P_t G_t}{4\pi R^2} \cdot \frac{1}{4\pi R^2} \cdot \sigma \tag{2.12}$$

式中:σ 为目标的雷达反射截面积。目标的雷达反射截面积是衡量目标对雷达入射波的反射能力的关键参数,通常用后向散射系数来描述。后向散射系数定义为目标在雷达入射方向上,单位立体角反射功率与单位面积入射功率之比的 4π 倍。如果目标能够完全反射入射波功率,则其雷达反射截面积就等于其截取入射波功率的等效面积。

接收天线所接收到的功率等于入射波的功率密度乘以天线的有效捕获面积。需要注意的是,这里的有效面积并不是天线的实际物理面积,而是指天线能够捕获入射功率的等效面积。通常,天线的有效面积小于其物理面积,这是由于受天线效率、波束形状和其他设计特性的影响。

有效面积和物理面积的关系反映了天线对入射信号的捕获能力,这在评估雷达接收性能时尤为重要。有效面积越大,天线对入射功率的捕获能力越强,从而可以提高目标探测的灵敏度和精确度。对于大多数天线,等效面积和增益的比值是一个常数,具体关系如下:

$$A_r = \frac{G_r \lambda^2}{4\pi} \tag{2.13}$$

式中:G_r 为接收天线增益;λ 为雷达反射信号波长。

由接收天线截获的回波信号功率 S 就等于上述功率密度与天线孔径有效接收天线孔径 A_r 的乘积,即

$$S = \frac{P_t G_t}{4\pi R^2} \cdot \frac{\sigma}{4\pi} \cdot \frac{1}{R^2} \cdot A_r \tag{2.14}$$

将式(2.13)代入式(2.14),得

$$S = \frac{P_t G_t G_r \lambda^2 \sigma}{(4\pi)^3 R^4} \tag{2.15}$$

式(2.15)即雷达方程。在通常情况下,雷达的收发天线是共用天线,$G_t = G_r = G$。

这样,得到雷达回波信号功率的通用方程,即

$$S = \frac{P_t G^2 \lambda^2 \sigma}{(4\pi)^3 R^4} \tag{2.16}$$

接收机能够探测到目标的前提是接收功率大于等于接收机灵敏度,即如下式要求

$$P_{rs} \geqslant S \qquad (2.17)$$

据此,可得雷达可探测目标的最远距离:

$$R_{\max} = \sqrt[4]{\frac{P_t G^2 \lambda^2 \sigma}{(4\pi)^3 S_{\min}}} \qquad (2.18)$$

在推导过程中,我们没有考虑大气对电磁波的吸收及线路损耗等因素,因此依据雷达方程计算得到的只是一个概略值,但方程中所反映的各个物理量之间的相互关系是确定的,这也是我们需要重点考虑的因素。从雷达角度来说,接收功率随雷达到目标距离的4次方衰减,所以雷达检测目标的能力随距离增加而快速下降。虽然提高发射功率能够增加雷达的作用距离,但是由于距离4次方的关系,功率必须增加至原来的16倍才能使雷达的作用距离增加1倍或者将天线增益增加到原来的4倍也可以使作用距离增加1倍。

现实中,在雷达系统设计时,通常要考虑多种损耗因素的影响,这种影响通常用一个参数——系统损耗因子$L(L>1)$来表示,并对式(2.16)进行修正,即

$$S = \frac{P_t G_t G_r \lambda^2 \sigma}{(4\pi)^3 R^4 L} \qquad (2.19)$$

式中:G_t为雷达天线发射增益;G_r为雷达天线接收增益;P_t为雷达发射平均功率;λ为雷达工作波长;σ为目标后向散射系数;L为雷达系统综合损耗;R为目标与雷达的距离。

2.5.2 合成孔径雷达方程

与传统雷达相比,SAR系统在设计和应用中需要特别关注两个关键问题:目标散射截面积(σ)的表达和回波信号在合成孔径时间内的相干积累效应[18]。

根据雷达目标散射理论,目标的散射截面积(σ)是描述目标反射特性的基本参数,用于量化目标对入射电磁波的反射能力。在SAR中,目标的后向散射特性不仅与目标的形状、材质有关,还受到雷达观测几何、入射角、频率和极化方式的影响。不同地物或目标会呈现特定的散射特性,因此对目标的散射模型进行准确表达是SAR成像的基础。

在SAR中,雷达通过平台运动在合成孔径时间内收集目标的多次回波信号。这些回波信号的相位信息随平台运动位置的变化而变化,形成相干积累效应。相干积累通过增加回波的有效孔径,可以显著提高SAR的分辨率和信噪

比。需要注意的是,合成孔径时间内的信号相位变化必须与平台运动保持一致,否则会导致相位失配,进而降低成像质量。因此,平台运动误差的补偿和信号相位的一致性校正是 SAR 成像中的关键环节。

根据雷达目标散射理论可以得

$$\sigma = \sigma^\circ A \tag{2.20}$$

式中:σ° 为地面目标的归一化后向散射系数;A 为地面散射单元的有效面积,即

$$A = \rho_a \cdot \rho_{rg} \tag{2.21}$$

式中:ρ_a 为方位分辨率;ρ_{rg} 为地距分辨率,地距分辨率就是距离分辨率在地面上的投影。

$$\rho_a = \frac{1}{2}\left(\frac{\lambda}{L_a}\right) \cdot R = \frac{1}{2}\left(\frac{\lambda}{T_a \cdot V_a}\right) \cdot R \tag{2.22}$$

式中:L_a 为合成孔径的长度,$L_a = T_a \cdot V_a$,这里 T_a 是回波信号相干积累时间,V_a 是 SAR 的运动速度。于是

$$\sigma = \sigma^\circ \cdot \rho_a \cdot \rho_{rg} = \sigma^\circ \frac{1}{2}\left(\frac{\lambda}{T_a \cdot V_a}\right) \cdot R\rho_{rg} \tag{2.23}$$

式(2.23)是单个回波所接收到的信号,对于 SAR,在时间 T 内相干积累了 $n = T_a F_t$ 个回波信号,这里 F_t 是发射脉冲的重复频率,因此回波信号增加了 n 倍。

在考虑相干积累的情况下,将式(2.23)代入式(2.19),即

$$\begin{aligned} S &= \frac{P_t G_t G_r \lambda^2}{(4\pi)^3 R^4 L}\sigma^\circ \frac{1}{2}\left(\frac{\lambda}{T_a \cdot V_a}\right) \cdot R\rho_{rg} \\ &= \frac{P_t G^2 \lambda^2 \sigma^\circ F_t \rho_{rg}}{2(4\pi)^3 R^3 v_s} \frac{1}{L} \end{aligned} \tag{2.24}$$

通常,人们关心的不是雷达接收到的功率电平,而是接收到的信噪比 S/N,其中

$$N = kT_s F_n B_n \tag{2.25}$$

式中:k 为玻耳兹曼常数,$k = 1.38054 \times 10^{-23}$ J/K;B_n 为噪声等效带宽(Hz);T_s 为接收系统的噪声温度;F_n 为噪声系数。

在 SAR 系统中,线性调频脉压信号的匹配接收关系为 $\tau = 1/B_n$,其物理意义为距离压缩后的脉冲宽度 τ 近似等于噪声等效带宽的倒数。而 SAR 系统中发射的平均功率与峰值功率关系为

$$P_{av} = \tau F_t P_t = \frac{F_t}{B_n} P_t \tag{2.26}$$

由式(2.24)、式(2.25)和式(2.26)可得 SAR 方程为

$$P_{av} = \tau F_t P_t = \frac{F_t}{B_n} P_t \tag{2.27}$$

SAR 系统中常用等效噪声散射系数(noise equivalent sigma zero, $NE\sigma_0$)来表示系统的灵敏度,并作为雷达系统的一个主要指标,其定义为 SNR = 0dB 时的平均后向散射系数。由式(2.27)可知,等效噪声散射系数的表达式为

$$NE\sigma_0 = \frac{2 \times (4\pi)^3 R^3 k T F_n V_{at} L_s}{P_{av} G^2 \lambda^3 \rho_{rg}} \tag{2.28}$$

式中:P_{av} 为平均发射功率;G 为天线单程增益(收发共用);R 为斜距;ρ_{rg} 为地距分辨率;V_{at} 为装载平台速度;λ 为波长;k 为玻耳兹曼常数;T 为噪声温度;F_n 为噪声系数;L_s 为系统损耗。

系统灵敏度是 SAR 系统的核心参数,下面以星载 SAR 系统为例,讨论 SAR 系统的灵敏度。

由式(2.28)可知,随着距离分辨率的提高,在系统其他参数不变的情况下,系统灵敏度变差。如果要保持一定的灵敏度指标,就必须采取一些措施,如增大系统的功率孔径积,或降低平台运行高度。平台高度降低可以在一定视角情况下缩短斜距 R,有效提高系统的灵敏度,具体分析如下。

(1)随着距离分辨率的提高,一般方位分辨率也在同步提高,两者之间一般是匹配的。众所周知,在条带 SAR 模式中,理论上方位分辨率就是天线方位向孔径尺寸的一半,因此方位分辨率的提高需减小方位孔径尺寸,天线孔径面积、增益也会减小。要使天线增益不减小或减小很少,须加大距离向孔径尺寸,其结果是距离向波束宽度变窄,观测带随之变窄。

(2)对于卫星平台来说,依靠太阳能电池帆板将太阳能转换为电能,实现能源供给,因此提供的总能源有限,总能源的大小依帆板面积和转换效率而定。在 SAR 卫星的有效载荷中,由于受到总能源的限制,通过增加发射功率所提高的系统灵敏度是有限的。

(3)降低轨道高度,在视角不变的情况下,缩短了斜距,可以提高灵敏度。但同样视角范围情况下的可观测范围也会减小,影响 SAR 卫星的覆盖性能,必须进行折中设计。

依据 SAR 方程式(2.28),SAR 系统设计时需要进行综合考虑,系统设计过程就是各参数优化和折中的过程。

2.5.3 方程讨论

2.5.3.1 目标后向散射系数 σ 的决定

目标后向散射系数 σ 表示 SAR 观测目标区域单位面积的雷达截面,其值受多种因素影响,包括雷达波的频率、极化方式、入射角 θ 以及目标的介电常数、导电率、表面粗糙度等物理和几何特性。

在特定条件下,表面粗糙度谱恒定时,σ 与雷达波频率的四次方成正比。然而,σ 与入射角的关系较为复杂,需结合目标材质和雷达波特性加以实验验证。因此,在实际应用中,为确保雷达方程的准确性,σ 的选取需根据实验数据或经验模型,并结合雷达参数及目标区域特性动态调整。

2.5.3.2 雷达系统综合损耗(系统损耗)L 的决定

雷达系统综合损耗 L 是评估系统性能损失的关键参数,其主要来源包括天线损耗、传输线损耗、噪声因子、大气衰减与传播因子以及失配损耗与积累损耗等。以下分别讨论各损耗因素。

1) 天线损耗

天线损耗通常由馈电系统的欧姆损耗、副瓣辐射等因素引起。这种损耗不仅影响信号的传输效率,还可能降低雷达对目标的检测能力。

2) 传输线损耗与噪声因子

射频传输线的损耗与雷达各参数的选取及测量参考点密切相关。例如,当发射功率 P_t 表示天线输入端功率时,需考虑发射机与天线间的射频传输线损耗。类似地,接收系统的性能会受到接收机与天线之间传输路径的影响,具体表现在噪声温度和噪声系数的变化上。因此,综合评估接收系统的损耗和噪声特性,是优化雷达方程的重要环节。

3) 大气衰减与传播因子

实际中,雷达信号在大气中的传播会受到多种因素的影响,包括电离层自由电子和离子、对流层中的氧分子和水蒸气分子等的吸收和散射。此外,雨、雪、云雾等天气条件也会对信号能量造成显著损耗。例如,中雨(4mm/h)在 10GHz 频率下可引起约 0.08dB/km 的衰减,而暴雨(100mm/h)在 6GHz 频率下的衰减可达 0.5dB/km。因此,大气条件对雷达性能的影响需通过损耗系数或传播因子建模,以在雷达方程中加以补偿。

4）失配损耗与积累损耗

接收机中频带宽与发射信号频谱的匹配程度直接决定系统的失配损耗。通常，通过优化带宽或缩窄视频带宽，可部分降低失配损耗。积累损耗则主要源于相干积累过程中因相位误差、电路非线性等问题引起的信号损失。对 SAR 系统而言，合理控制这些误差，尤其是在合成孔径时间内的相位稳定性，是提升系统性能的关键。

5）总的系统损耗

雷达系统综合损耗 L 是上述各损耗因素的综合表现，其通常以对数形式表示。综合评估这些损耗因素不仅有助于雷达方程的精确校准，而且为系统设计和性能优化提供了重要依据。此外，雷达天线增益的方向性变化会影响波束覆盖区内信号强度的计算，因此在分析天线增益时需特别注意其空间分布特性。

第 6 节 典型合成孔径雷达系统

典型 SAR 系统有星载 SAR 系统和机载 SAR 系统。其中星载 SAR 系统包括加拿大的 Radarsat 系列、美国的"长曲棍球"系列、德国的 TerraSAR-X 系统、欧洲航天局的系列 SAR 卫星、德国的 SAR-Lupe 系统、俄罗斯的 Almaz（钻石）系列系统以及意大利的 Cosmo-Skymed 雷达成像卫星，机载 SAR 系统包括美国的机载高分辨率监视/侦察雷达（hughes integrated synthetic aperture radar, HISAR）系统、德国的相控阵多功能成像雷达（phased array multifunctional imaging radar, PAMIR）系统。下面分别加以介绍。

2.6.1 Radarsat 系列

加拿大的 Radarsat 系列 SAR 卫星是典型的商用星载雷达成像系统。Radarsat-1 卫星于 1995 年发射，Radarsat-2 卫星继其后于 2007 年投入使用，搭载了更先进的 C 波段 SAR 设备，如图 2.26 所示。Radarsat-2 卫星延续了 Radarsat-1 卫星的工作模式，新增了多极化成像功能，并能以 3m 分辨率获取图像，支持运动目标检测实验（MODEX）模式。该卫星运行于近极地太阳同步轨道，每 3 天覆盖北纬地区，全球覆盖周期不超过 5 天，具备 7 种波束模式和 25 种成像方式。

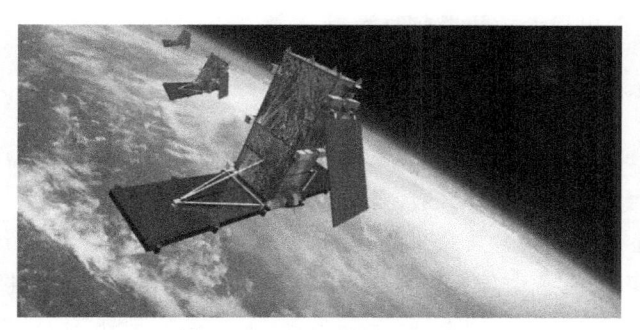

图 2.26　Radasat-2 卫星

Radarsat-2 卫星的主要应用包括地形测绘、环境监测、海洋观察及冰川监测等领域,极化成像功能特别适用于复杂地物的精细化探测。此外,Radarsat-2 卫星与 Radarsat-1 卫星的干涉能力进一步增强了其在精细地形监测中的作用。

2.6.2　"长曲棍球"系列

美国的"长曲棍球"(Lacrosse)系列是高分辨率军事雷达侦察卫星的代表,自 1988 年起先后发射了 5 颗卫星(Lacrosse-1～Lacrosse-5)。这些卫星运行于低轨道,支持 X 频段和 L 频段的双极化成像,分辨率在宽扫模式下为 3m,精扫模式下可达 0.3m。宽扫模式的地面覆盖面积可达数百平方千米。图 2.27 所示为"长曲棍球"卫星实物图。

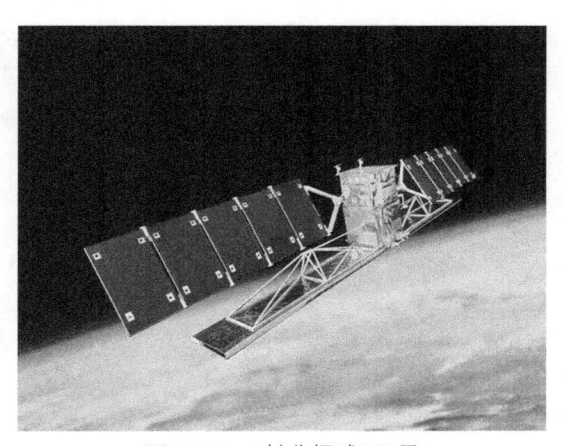

图 2.27　"长曲棍球"卫星

"长曲棍球"卫星在南斯拉夫战争、伊拉克战争和阿富汗战争中表现卓越,是美国军事侦察的重要工具。其多种成像模式和全天候侦察能力,使其在动态战场环境中表现出强大的情报获取能力。

2.6.3 TerraSAR-X 系统

德国的 TerraSAR-X 卫星由德国航空航天中心(DLR)与 EADS Astrium 公司合作开发,于 2007 年成功发射,是一颗军民两用的 X 波段 SAR 卫星,旨在为军事和民用应用提供高分辨率的地球观测数据。该卫星运行在 515km 高度的太阳同步轨道上,具备全球覆盖能力,能够在昼夜和各种天气条件下稳定运行,为地球观测任务提供全天时、全天候的支持。该卫星外貌及其所获图像如图 2.28 所示。

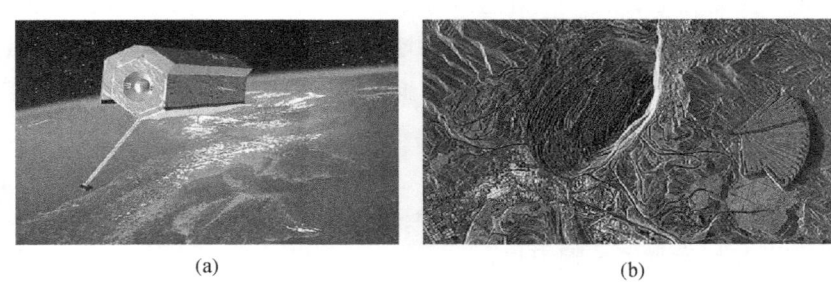

图 2.28 TerraSAR-X 卫星
(a)TerraSAR-X 卫星外貌;(b)TerraSAR-X 卫星所获图像。

TerraSAR-X 卫星具有多极化、多入射角特性和灵活的成像模式,能够满足多样化的观测需求。其多极化能力包括单极化、双极化和全极化模式,可以为不同应用场景提供丰富的信息支持。此外,卫星能够灵活调整入射角,以优化对目标区域的观测效果。TerraSAR-X 卫星支持多模式成像,其中条带模式分辨率为 3m,适合大范围地表观测;而聚束模式分辨率高达 1.2m,可对小范围区域进行精确成像。

2.6.4 欧洲航天局的系列 SAR 卫星

欧洲航天局先后发射了 ERS 系列和 ENVISAT 系列 SAR 卫星。ERS 系列是早期的民用雷达成像卫星,搭载 C 波段 SAR 设备,可获取 30m 分辨率和 100km 观测带宽的图像,主要用于陆地、海洋和冰川及海岸线的成像(见图 2.29)。作为 ERS 的后续任务,ENVISAT 卫星于 2002 年发射,其搭载的 ASAR 系统继承并改进了 ERS 的成像模式,新增了多极化、大幅宽等功能,进一步提高了其环境监测和资源调查能力。

第 2 章　合成孔径雷达系统组成与工作原理

图 2.29　ERS 系列 SAR 卫星

2.6.5　SAR‑Lupe 系统

SAR‑Lupe 是德国首个军用天基雷达侦察系统,由 5 颗 X 波段卫星组成星座,运行于 500km 高度的太阳同步轨道。SAR‑Lupe 系统支持 1m 以内的分辨率和北纬 80°至南纬 80°的全球覆盖,每天可获取超过 30 幅图像。其聚束模式和条带模式的灵活切换,以及星际链路能力,使其在军事侦察和应急响应中表现优异。图 2.30 所示为其中的一颗卫星。

图 2.30　SAR‑Lupe 卫星

2.6.6　Almaz(钻石)系列

俄罗斯的 Almaz(钻石)系列包括 Almaz‑1 卫星和 Almaz‑1B 卫星,分别于

1991 年和 1998 年发射,用于海洋和陆地探测。尽管该系列在技术和应用范围上略逊于其他 SAR 系统,但其在遥感数据收集和应用验证方面具有重要意义。

2.6.7　Cosmo – Skymed 雷达成像卫星

意大利的 Cosmo – Skymed 星座由 4 颗 X 波段 SAR 卫星组成,具备全天候、全天时观测能力。其成像分辨率可达 1m,多种成像模式和高重访率使其在环境监测、灾害评估、海事管理及军事领域广泛应用。图 2.31 所示为其中一颗 Cosmo – Skymed 雷达成像卫星。

图 2.31　Cosmo – Skymed 雷达成像卫星

2.6.8　HISAR 系统

HISAR 系统是美国国防高级研究计划总署资助、雷达系统公司研制开发的 X 波段 SAR/MTI 雷达。该雷达早期为 SAR,现为同时具有 SAR/MTI 能力的雷达系统,是目前国际同类产品中竞争力较强的系统。

HISAR 系统可适用于多种空中平台,包括民用涡轮螺旋桨飞机、行政勤务喷气飞机和无人侦察机等。该雷达目前装备在高空长续航的"全球鹰"无人侦察机(图 2.32)、美国陆军的 RC – 7B 低空多功能侦察机、King Air B200T 飞机、P – 3 Orion、King Air 350 和 Learjet 31 等空中平台上,用于空 – 地监视、军事侦察、海上巡逻、地面测绘成像、边境监视、环境资源管理和交通、渔业、森林的监控等。

HISAR 系统包括 SAR、动目标指示(MTI)雷达,以及光电和红外成像传感器,3 个传感器由共享的处理器进行统一控制,数字图像以 50M/s 的速率传输至地面站。

图2.32 "全球鹰"无人侦察机

HISAR 的核心技术在于其动目标显示功能,能够有效识别和跟踪海面及陆地上的运动目标,提供包括目标位置、速度、运动方向以及图像或测绘数据等信息。此外,系统还集成了全球定位系统(GPS)接收机和导航系统,通过实时获取飞行高度、位置及速度等数据,并将其输入处理器控制单元。此单元基于相关模式生成定时控制参数,并动态调整天线指向,确保系统的高效运行。

2.6.9 PAMIR 系统

PAMIR 系统是由德国 FGAN/FHR 实验室研发的一部工作在 X 波段的五通道机载雷达实验系统,是 AER、AER-Ⅱ 的下一代产品。PAMIR 系统的研发目的是满足对未来侦察系统灵活性和多工作模式方面日益增长的需求,能同时实现高分宽测绘带成像和广域动目标显示,并能利用 lSAR 模式进行动目标高分辨率成像。

PAMIR 系统有许多先进性,具有 5 个接收通道,能够支持 SAR 体制下先进的阵列信号处理技术,比如能够支持利用空时自适应处理(space-time adaptive processing,STAP)技术进行 GMTI 杂波抑制,能够支持 ECCM(电子反对抗)和 InSAR 高分辨率三维成像。归纳起来 PAMIR 系统的关键技术及创新性主要体现在以下方面。

1)先进的相控阵天线技术

PAMIR 的天线设计具有很强的模块化和灵活性,电扫的相控阵天线由 6 个独立子阵构成,每个子阵由 16 个 T/R 组件构成。被用作干涉测量的可重构天线孔径包括 3 个成行的子孔径,每行又包括 3 个子阵,每行之间不同距离的设计可以抑制模糊。

2）多载频的发射波形以及收发方案

PAMIR 系统采用 5 个不同载频的线性调频信号作为发射波形,发射模式主要包括 CS 模式和 SB 模式。

3）Scan – MTI 模式

许多应用场景都需要使用广域的动目标显示技术,比如大范围的交通监控,传统的监控手段不能同时满足较大的空间覆盖范围和不分昼夜、天气监控的要求,此时基于飞机或卫星平台的雷达遥感系统占有较大的优势。

PAMIR 系统的广域动目标显示模式（Scan – MTI）工作在扫描模式下,目标重访率高,有利于目标的有效跟踪。此外,可以从多个不同角度观测目标,提高了目标的检测概率。

练习题

一、填空题

1. SAR 系统通常由_____、_____、_____、信号处理系统和图像预处理系统组成。

2. 根据 SAR 装载平台的不同,SAR 可以分为_____、_____、_____和地基 SAR 等。

3. SAR 系统的工作模式包括_____、扫描模式（Scan – SAR）、_____、滑动聚束模式、_____和 TOPS 模式等。

4. SAR 成像几何技术主要包括_____、_____和_____三个方面。

5. 在 SAR 图像中,目标可以分为_____、线目标、_____和硬目标。

二、单项选择题

1. SAR 系统的核心功能不包括以下哪一项？（   ）

A. 地面形变监测　　　　　B. 军事情报获取

C. 数据传输网络优化　　　D. 环境监测

2. 以下哪种成像模式适用于宽观测带的场景？（   ）

A. 条带模式　　　　　　　B. 聚束模式

C. 滑动聚束模式　　　　　D. 扫描模式

3. SAR 方位向分辨率的主要决定因素是（   ）

A. 信号带宽　　　　　　　B. 雷达发射功率

C. 波长　　　　　　　　　D. 天线尺寸

4. 地基 SAR 主要用于以下哪种场景？（　　）
A. 大范围海洋观测　　　　　　B. 动态目标跟踪
C. 高精度形变监测　　　　　　D. 城市建筑规划

三、判断题

1. SAR 系统的方位向分辨率由天线的实际物理长度决定。
2. 频率越高,SAR 图像的地物详细外表特征越明显,但穿透性能较差。
3. 雷达阴影效应通常出现在陡峭山坡的背面区域。
4. 滑动聚束模式的方位向分辨率高于条带模式,但低于聚束模式。

四、简答题

1. 简述 SAR 的主要装载平台类型及其特点。
2. 分析聚束模式和条带模式的优缺点。

五、综合分析题

1. 结合 SAR 几何特性,分析透视收缩、顶底位移和雷达阴影对图像解译的影响及应对方法。
2. 分析 SAR 与传统雷达的区别,并结合实例说明 SAR 技术的独特优势。

六、计算题

已知 SAR 系统工作在 X 波段,波长为 0.03m,装载平台速度为 7000m/s,脉冲重复频率为 300Hz。求其方位向分辨率和斜距分辨率(信号带宽为 500MHz)。

参考文献

[1] SKOLNIK M. I. 雷达手册[M]. 3 版. 南京电子技术研究所,译. 北京:电子工业出版社,2010.
[2] 李宏. 合成孔径雷达对抗导论[M]. 北京:国防工业出版社,2010.
[3] 周明威. 基于变形镜相位补偿的 SAR 光学成像系统[D]. 上海:上海交通大学,2020.
[4] 田栋轩,吴疆. 脉冲行波管性能对星载 SAR 成像影响分析[J]. 真空电子技术,2019(5):42 – 46.
[5] 张航. 基于 VS 的 SAR 仿真处理软件设计[D]. 西安:西安电子科技大学,2018.
[6] 杨磊,张苏,黄博,等. 多任务协同优化学习高分辨 SAR 稀疏自聚焦成像算法[J]. 电子与信息学报,2021,43(9):2711 – 2719.
[7] 彭岁阳. 弹载合成孔径雷达成像关键技术研究[D]. 长沙:国防科技大学,2011.
[8] 俞根苗,邓海涛,张长耀,等. 弹载侧视 SAR 成像及几何校正研究[J]. 系统工程与电子技术,2006,28(7):5.
[9] 妥杏娃. 超高分辨率的 SAR 图像车辆目标检测[D]. 西安:西安电子科技大学,2018.
[10] 徐甫,李振洪,宋闯,等. 一种优化的地基 SAR 时序反演非局部相干点选取方法[J]. 武汉大学学报:

信息科学版,2023,48(11):1884-1896.

[11] 钟璐. 时频雷达成像中的微多普勒信号特征提取[D]. 西安:西安电子科技大学,2020.

[12] 张晨. 大测量误差下的高分辨无人机载 SAR 运动补偿方法研究[D]. 西安:西安电子科技大学,2022.

[13] 李伟. 星载 SAR 成像算法研究及 DSP 实时实现[D]. 北京:中国科学院研究生院(电子学研究所),2006.

[14] 袁孝康. 星载合成孔径雷达的原理、组成和性能[J]. 上海航天,1997(1):7.

[15] 陈阳阳,徐伟,黄平平,等. 方位向变速扫描星载 TOPS SAR 信号处理方法[J]. 信号处理,2025,41(3):426-436.

[16] 张航. 基于 VS 的 SAR 仿真处理软件设计[D]. 西安:西安电子科技大学,2018.

[17] 薛喜平,苏彦,李海英,等. 合成孔径雷达在深空探测任务中的应用与发展趋势[J]. 天文学进展,2024,42(2):240-256.

[18] 牛朝阳,王建涛,胡涛,等. 极化合成孔径雷达有源干扰的干信比方程[J]. 系统工程与电子技术,2021,43(12):3542-3551.

第3章 合成孔径雷达电子侦察技术

合成孔径雷达(SAR)凭借其全天候、全天时、高分辨率的远程观测能力,已成为现代军事侦察和战场感知的核心装备[1-3]。针对 SAR 信号的电子侦察,旨在通过捕获并分析其电磁辐射特性,提取目标系统的技术参数和战术意图,为电子对抗策略提供关键支撑。在复杂战场环境下,SAR 电子侦察技术不仅是情报获取的重要手段,更是实施干扰和威胁压制的技术基础。

SAR 电子侦察的核心挑战在于目标信号的复杂性和动态性[3-4]。SAR 系统的调制模式灵活多样,频率、脉冲重复频率和发射功率变化显著,工作平台涵盖星载、机载、弹载及地基多个类型,且具备显著的高动态特性。这种复杂性要求侦察载荷具备极高的灵敏度和抗干扰能力,以及对目标信号的快速识别与处理能力。

本章围绕 SAR 电子侦察技术展开,系统介绍了侦察载荷的构成、性能要求及其在不同平台上的应用特性。通过分析 SAR 信号传播与接收机响应,推导侦察方程,量化影响信号截获和处理的关键因素。同时,结合星载、机载、弹载和地基平台的特点,探讨其侦察载荷在技术实现和战术应用中的适用性与局限性。

第 1 节 概述

电子侦察(electronic intelligence,ELINT)是通过捕获并分析目标电磁信号获取技术、战术情报的关键手段,其核心在于利用雷达、通信设备等电子系统所产生的信号,挖掘对方作战意图、技术状态及部署情况,为己方战略、战术部署提供情报支持[4]。其任务包括探测信号源、分析信号特性、定位辐射源位置以及评估目标系统性能和部署情况。对于军事、情报和民用安全领域,电子侦察的重要性日益凸显。

3.1.1 电子侦察的定义与意义

电子侦察的定义:电子侦察通过分析目标雷达或通信设备的电磁辐射特性,提取其频率、调制、方向等信息,从而推断目标系统的功能、操作状态及战术意图[3]。

对 SAR 实施电子侦察具有特别重要的意义,因为 SAR 是一种主动探测手段,其主要任务是提供高分辨率的对地观测能力,用于情报获取、目标识别和战场态势评估等。通过对 SAR 实施电子侦察,具有重要意义。例如:探明目标机载或星载 SAR 雷达的工作参数、性能及作战意图;制定针对性的电子对抗策略,包括干扰和欺骗对策;削弱敌方高分辨率成像能力,从而降低其战场感知和目标识别效率;提供技术参考,用于开发新一代的抗 SAR 对抗装备和策略。

在军事领域,SAR 电子侦察尤其重要,因为机载和星载 SAR 通常处于高空或轨道运行,具备远距离、高分辨率探测能力,其侦察范围和技术复杂性对己方防御构成严峻挑战。

3.1.2 合成孔径雷达电子侦察的特点

SAR 因其出色的全天候、全天时探测能力,以及对地高分辨率成像的独特优势,在现代军事和民用领域得到了广泛应用[3-7]。与此同时,其复杂的信号特性和多样化的部署方式也使针对 SAR 的电子侦察面临诸多技术挑战。以下从技术特性和对抗需求两个层面,对 SAR 电子侦察的特点进行全面分析。

3.1.2.1 目标的高机动性和远程性

SAR 系统通常依托多种移动平台实现任务功能,典型平台包括星载 SAR、机载 SAR、弹载 SAR 和地基 SAR。平台的高机动性和远程性是 SAR 的一大显著特性,同时也是电子侦察的难点所在。

星载 SAR 通常运行在数百千米以上的高轨道,其优势是覆盖范围极广,单次任务可以监控数百平方千米的地面区域。然而,高轨道运行的特点导致信号在传播过程中存在路径损耗,且受多普勒效应的显著影响。例如,当卫星以 7~8km/s 的速度运行时,SAR 信号的频率漂移会导致接收端的解调和处理变得异常复杂。此外,星载 SAR 的轨迹周期性变化,还要求电子侦察系统具备一定的预测能力。

机载 SAR 因其平台移动速度较快(典型值为 200~900km/h),目标定位和跟踪的实时性显得尤为重要。高速移动会引入动态多普勒效应,使信号源的频谱表现出强时变性。尤其是低空飞行的机载 SAR,其信号反射路径复杂,容易受到地面杂波的干扰。电子侦察系统需要结合信号处理算法和多点协同观测技术,快速捕获并跟踪这类目标。

弹载 SAR 通常用于快速侦察和打击任务,其特性是飞行速度更高(每小时可达数千千米)且飞行时间短暂,对侦察系统的响应速度和实时分析能力提出了极高的要求。

地基 SAR 通常是固定部署或低速移动,用于区域性监测。这类 SAR 虽然移动性较低,但由于其天线系统和信号处理设备可以通过外部供能提供更高性能,信号的抗截获性也较强。

针对上述不同平台,电子侦察系统需要具备高灵敏度接收设备、动态信号捕获算法以及精确的定位跟踪能力,以适应目标的高机动性和远程性特性。

3.1.2.2 信号复杂性

SAR 雷达的核心优势在于其独特的成像原理和高分辨率能力。这一优势的实现依赖复杂的信号设计,使对 SAR 信号的侦察与识别成为一项高度专业化的技术任务。

(1)多样化的调制方式:SAR 信号最常见的调制方式是线性调频(LFM),其特点是瞬时频率随时间线性变化。LFM 调制可通过脉冲压缩技术显著提高距离分辨率。此外,现代 SAR 雷达还采用了多种复杂的调制方式,如相位编码调制、频率步进调制等,以增强信号的探测性能和抗截获能力。

(2)脉冲压缩与多普勒效应:脉冲压缩技术结合宽带信号和匹配滤波,既提高了距离分辨率,也增加了信号处理的复杂度。同时,SAR 信号在平台高速移动下产生的多普勒频移,使回波信号的时频特性更加复杂,增加了截获和解调的难度。

(3)参数的动态性:现代 SAR 雷达为应对多种任务需求,通常具备实时调整波形参数的能力,如动态改变脉冲重复频率(PRF)、调频斜率等。这种参数动态化的设计要求电子侦察系统必须具备实时参数估计和动态信号适配能力。

(4)波形加密:某些先进的 SAR 系统采用加密波形或频率捷变技术,进一步增加了侦察和信号提取的难度。

在实际操作中,电子侦察需要结合短时傅里叶变换、小波分析等工具,分析 SAR 信号的调制特性和频谱动态变化,提取核心特征以辅助分类与识别。

3.1.2.3 抗干扰性强

现代 SAR 雷达针对复杂的战场电磁环境,广泛应用了抗干扰技术,这显著提高了电子侦察系统的侦察难度。

(1)波束赋形:通过相控阵天线技术,SAR 雷达可以动态调整波束方向,以增强目标信号,同时抑制非感兴趣方向的干扰信号。这种技术使侦察系统在捕获信号时,往往需要更高的天线增益和方向分辨能力。

(2)频率捷变与自适应滤波:SAR 雷达通过频率捷变技术,动态改变工作频段,以对抗电子干扰或截获。自适应滤波则进一步提高了目标信号在强干扰环境中的可检测性。

(3)干扰与反干扰博弈:当电子对抗系统对 SAR 实施干扰时,雷达可能启动主动抗干扰策略,如调频模式切换、加密信号传输等,这对侦察系统的实时响应能力提出了更高的要求。

3.1.2.4 侦察情报价值高

SAR 雷达具备穿透云层、烟雾和植被的能力,可在各种复杂地理条件下获取高质量图像。这使对 SAR 雷达的电子侦察具备重要的战术应用和战略价值。

(1)战术应用:SAR 可用于实时监测敌方部队的部署与移动,识别隐藏的武器装备,并为精确打击提供高分辨率目标图像。其成像能力的削弱将极大降低敌方的战场感知能力。

(2)战略价值:在区域冲突和跨国军事行动中,SAR 雷达是情报获取的重要手段之一。通过对 SAR 实施电子侦察,可以为己方制定精确的电子对抗策略,并在技术研发中提供数据支持。

3.1.2.5 技术综合性强

SAR 电子侦察作为一种复杂的多学科交叉技术,集成了多领域的技术手段,其主要任务是高效提取目标雷达的关键信息,为战术决策和电子对抗提供支持。以下是 SAR 电子侦察中涉及的关键技术领域及其核心功能。

(1)信号处理技术:信号处理是 SAR 电子侦察的核心环节,贯穿信号捕获、预处理和分析的整个流程。

(2)频谱分析技术:频谱分析在 SAR 电子侦察中起着信号特征提取的关键作用,能够帮助深入理解雷达的工作模式。

(3)目标定位技术:高精度定位是 SAR 电子侦察的重要任务之一。通过综合运用时间和频率信息,能够实现目标的精确定位。

(4)目标特征提取:目标特征提取技术的核心在于通过雷达回波信号分析,深入了解目标的物理特性及其成像规律。

第2节 侦察系统组成

SAR 电子侦察系统是对星载、机载、弹载和地基等平台的 SAR 系统实施侦察和对抗的重要工具,具备信息截获、信号处理、特性提取和目标识别等能力[3,7]。SAR 侦察系统的组成决定了其性能、适用性及任务执行能力。本节将从侦察平台、侦察载荷、信号处理与数据分析三大部分对 SAR 电子侦察系统的构成进行全面剖析。

3.2.1 侦察平台

侦察平台是 SAR 电子侦察系统的核心组成部分,是承载侦察载荷的物理基础[8-12]。根据任务需求、目标类型和环境条件,侦察平台可分为星载、机载、弹载和地基平台。这些平台各自具备独特的性能特点和应用场景,共同组成了对 SAR 进行全面侦察的技术体系。本部分通过对不同侦察平台的构成、特点和典型应用进行系统化分析,帮助读者深入理解其技术内涵。

3.2.1.1 星载侦察平台

星载侦察平台是现代战略侦察体系的核心组件之一,依托其轨道高度优势和全球覆盖能力,可对星载 SAR、机载 SAR、弹载 SAR 以及其他地基 SAR 目标进行大范围、长时间的持续监测[10]。这种平台的部署特点使其能够对目标进行广域跟踪和细致分析,为战略侦察提供关键技术支持。其独特的性能特点,使其在复杂战场环境和长期情报积累中发挥着不可替代的作用。

1)基本构成与特点

星载侦察平台可部署于低轨(LEO)、中轨(MEO)或地球同步轨道(GEO),不同轨道高度决定了其覆盖范围、重复访问周期和分辨率性能。低轨卫星运行高度一般在 300~1200km,适合高分辨率成像;中轨卫星运行高度为 2000~

35000km，兼顾覆盖范围和精度；地球同步轨道卫星运行高度约为35786km，能够长时间监控固定区域。星载侦察平台主要通过搭载高灵敏度的接收设备和信号处理单元，完成对星载SAR、机载SAR和地基SAR的长时间、大范围监测。

特点一：全球覆盖能力。星载侦察平台凭借其轨道设计，可实现对全球范围内目标的有效覆盖，尤其适用于远程或偏远地区的侦察任务。低轨卫星通过多星组网实现频繁覆盖，中轨和地球同步轨道卫星则依托其高轨道特点实现更大范围的持续监控。

特点二：长时间持续性。星载平台利用轨道周期和重复覆盖特性，对同一目标区域进行多次观测。例如，低轨卫星可在90~120min内完成一次轨道循环，每天多次覆盖目标；地球同步轨道卫星则对固定区域提供连续的观测支持。

特点三：多任务协同能力。星载侦察平台通常与机载或地基侦察系统协同运行，构建多层次、全覆盖的侦察网络。星载平台对大范围目标进行初步监测，并将重点目标区域的数据引导至机载平台进行细化跟踪或即时分析。

2）应用场景与优势

星载平台是战略侦察的核心，适合对高价值目标的长期跟踪和复杂信号的分析。通过其广域覆盖和协同能力，星载平台为其他侦察平台提供了数据支持。

优势：一是长时间监控，星载平台依托轨道覆盖能力，能够对目标区域实现持续监控，特别适合对周期性活动目标（如星载SAR和地基SAR）的长期跟踪，揭示其活动规律和部署策略。二是全球覆盖，星载平台可以覆盖传统侦察手段难以抵达的偏远地区或动态环境，适合广域目标的侦察任务。例如，对海洋或沙漠地区的敌方机载SAR活动进行跟踪。三是数据处理能力强，星载平台搭载高性能处理设备，可以实时完成大容量数据的采集、存储和初步分析，将分析结果快速下行传输到地面站，为后续处理提供可靠数据。

其局限性在于数据时延和高成本。由于卫星与地面通信链路的限制，星载平台在数据实时性方面稍逊于机载和地基平台，特别是在应对高动态目标时。同时，星载平台的开发、发射和维护成本高昂，限制了其部署数量和频繁替换能力。

3）典型案例

案例一：低轨侦察卫星。对敌方地基SAR雷达活动进行跟踪，记录其成像时间表和辐射特性。

案例二：地球同步轨道卫星。持续监视固定区域内的机载SAR和地基SAR

信号活动,为战略决策提供实时数据。

星载侦察平台通过多轨道部署和先进载荷设计,具备长时间监控、全球覆盖和多任务协同能力,是 SAR 电子侦察体系中的战略核心部分。其对星载 SAR、机载 SAR 和地基 SAR 的侦察能力,特别是在战略情报监控和战区态势感知中的表现,使其在现代侦察系统中不可或缺。尽管其存在实时性和成本上的局限,但星载侦察平台仍然是未来多层次侦察网络的重要方向。

3.2.1.2 机载侦察平台

1)基本构成与特点

机载侦察平台包括有人驾驶侦察机和无人机,是现代战术性侦察的核心工具之一[13]。凭借其灵活性和中近距离覆盖能力,机载侦察平台在动态战场环境中发挥着重要作用[14]。根据任务需求,机载平台可搭载多种侦察载荷,包括雷达侦察、通信侦察和光电侦察设备,实现多任务侦察功能。

特点一:灵活机动性。机载侦察平台具有高机动性,可快速调整飞行路径以适应目标环境的动态变化。例如,在高威胁区域或敌方雷达盲区,机载平台可通过变更飞行高度和航线,避开防空火力或雷达探测,并持续跟踪目标。

特点二:广域覆盖。通过高空飞行,机载平台能够实现较大区域的信号覆盖和目标跟踪。相比地基平台,机载平台在信号传播路径上的衰减较低,接收效果更好,且能够同时覆盖多个活动目标。

特点三:载荷适配性。机载平台具备多任务载荷兼容能力,可根据任务需求搭载不同类型的侦察设备。例如,搭载雷达侦察载荷可对雷达进行精确定位,搭载通信侦察载荷可拦截敌方通信信号,光电侦察载荷则用于高分辨率成像和目标识别。

2)应用场景与优势

机载侦察平台适合执行复杂环境下的多任务侦察,尤其是在敌方高动态战场环境中,实时捕获机载 SAR 和地基 SAR 的信号。面对快速移动的机载 SAR,机载平台可通过灵活机动跟踪其飞行轨迹并实时捕获信号。此外,机载平台还可对地基 SAR 雷达进行点对点侦察,分析其辐射特性和成像规律。

优势:一是高机动性,机载平台可以对动态目标进行实时跟踪。例如,在敌方战区,机载侦察平台可快速响应目标移动,持续获取高价值情报。二是多任务能力,机载平台支持多种侦察载荷协同工作,可同时完成雷达信号捕获、通信拦截和光电成像任务,提高任务效率。三是高效侦察,通过缩短信号传播路径,机载平台可以有效降低信号衰减,提高接收灵敏度。这在捕获微弱信号或高干扰环境下尤为重要。

其局限性在于易受防空威胁,在高威胁区域,机载平台容易被敌方雷达探测和防空系统拦截,任务风险较高。同时滞空时间有限,机载平台的任务持续时间受燃料和电力供应限制,高空长航时无人机虽然延长了滞空时间,但仍需定期返回补给。

3) 典型案例

案例一:高空长航时无人机。搭载宽频接收器和信号处理模块,实时侦察敌方机载SAR和地基SAR的信号活动。

案例二:侦察机目标捕获。在人口密集地区上空,分析敌方战术SAR的成像规律,为电子干扰制定策略。

3.2.1.3 弹载侦察平台

1) 基本构成与特点

弹载侦察平台是战术侦察的重要组成部分,依托巡航导弹、弹道导弹或高速滑翔器运行,在高动态、高威胁环境下完成快速侦察任务[15]。弹载侦察平台的核心在于其高速动态性、隐蔽性以及对紧凑型载荷的高效利用,使其在特定场景中具有不可替代的作用。

特点一:高速动态性。弹载侦察平台的运行速度通常在每小时数百到数千千米,具备极高的机动性,可快速接近目标区域,完成侦察任务。其高速运动特点使得其能够在短时间内跨越敌方防御体系,获取关键情报。这种高动态性对战术环境中的时间敏感性任务尤为重要,如对移动目标的实时侦察或快速验证情报。

特点二:隐蔽性。弹载侦察平台具有独特的隐蔽性,源于其低轨运行和短时间任务特性。由于飞行轨迹快速变化且高度相对较低,目标雷达难以提前发现和追踪。此外,许多弹载平台具备雷达隐身设计,进一步提高其生存能力。例如,高速滑翔器采用低可探测材料和飞行轨迹规划技术,能够有效规避敌方雷达。

特点三:紧凑型载荷配置。弹载平台由于空间和重量的限制,其侦察载荷通常为小型化设备,强调高效性和即时数据处理能力。

2) 应用场景与优势

弹载侦察平台主要用于高动态、短时间和高威胁环境下的侦察任务,特别适合以下场景:一是防空火力覆盖区侦察,在敌方防空系统覆盖区域内,弹载平台能够快速进入目标区域,在短时间内完成信号截获和特征提取,并迅速离开,避免长时间暴露;二是战术打击前情报获取,在对敌方战略目标实施打击前,弹载侦察平台可以对地基 SAR 的发射特性进行捕获和分析,为攻击路径规划和干扰策略提供关键情报支持;三是动态目标监控,针对移动的机载 SAR 或地基 SAR,弹载平台通过快速跟踪和高精度信号分析,为己方战术部署提供实时支持。

弹载侦察平台适用于执行快速、高动态和隐蔽性强的侦察任务。例如,在敌方防空火力覆盖区域内,弹载平台可通过短时间的信号截获,为后续打击行动提供情报支持。

优势:一是高机动性,弹载平台以极高的速度快速到达目标区域,减少侦察任务的时间窗口,特别适合高时间敏感性任务;二是隐蔽性强,弹载平台的低轨飞行、高速运动和隐身设计使其在敌方防空体系中具有较强的生存能力,适合在高威胁环境中执行侦察任务;三是精准数据获取,弹载平台通过先进的载荷设备,对目标区域的信号进行高效捕获和初步处理,为后续分析提供高质量数据支持。

其局限性在于工作时限短,受载体运行寿命限制;同时载荷能力受限,难以携带复杂或大规模处理设备。

3)典型案例

案例一:巡航导弹侦察任务。在目标上空执行短时间信号捕获,获取地基 SAR 的发射特性。

案例二:高速滑翔器侦察。对敌方区域内的机载 SAR 和地基 SAR 进行快速特性分析。

3.2.1.4 地基侦察平台

1)基本构成与特点

地基侦察平台通常以固定式或车载移动式站点为主,负责对星载 SAR、机载 SAR、弹载 SAR、地基 SAR 的长期监视和信号捕获[6]。地基平台因其稳定的运行环境和较低的成本,是侦察系统中最常用的组成部分之一。

特点一:高灵敏度接收设备。地基平台通常配备大尺寸高增益天线(如相控阵天线和抛物面天线),具有强大的弱信号捕获能力。

特点二:长时间工作能力。依托地面供电和冷却系统,地基平台能够实现长时间连续监测,特别适用于对周期性运行的星载SAR进行跟踪。

特点三:强大数据处理能力。地基站点通常配备计算能力强的信号处理器和存储设备,能够实时完成大量信号数据的存储与分析任务。

2)应用场景与优势

地基侦察平台适合对固定目标和重复周期较强的目标进行监视,如对星载SAR的定轨侦察和对地基SAR的长时分析。此外,通过部署多个地基站点,可以实现大范围的协同侦察,提升目标定位和轨迹分析的精度。

优势:一是长时间稳定性,适合长期跟踪特定目标;二是高接收增益,在远距离监测任务中表现突出;三是可扩展性,可组网部署,形成广域覆盖。

其局限性在于空间范围有限和受地形限制,从而难以覆盖高动态目标,如高速移动的机载SAR,同时复杂地形可能影响天线视角和信号传播。

3)典型案例

案例一:边境雷达侦察站。部署在国家边境附近,用于监视邻国地基和低空机载SAR雷达活动,获取其频谱特性。

案例二:轨道SAR监控站。通过天线阵列对星载SAR的轨道和成像活动进行持续监测,评估其成像规律与覆盖区域。

3.2.2 侦察载荷

侦察载荷是SAR电子侦察系统的核心组成部分,其任务是捕获、分析和处理目标SAR的信号特性,为实现侦察与对抗提供基础数据支持。作为安装在不同侦察平台上的功能模块,侦察载荷的设计需要满足高灵敏度、多功能性和实时处理的要求[11]。根据侦察目标和任务需求,侦察载荷可分为多种类型,包括雷达侦察载荷、通信侦察载荷、光学侦察载荷和综合侦察载荷等。

3.2.2.1 雷达侦察载荷

雷达侦察载荷的主要任务是对目标SAR的电磁信号进行截获与分析,提取关键参数,为战术与战略决策提供支持。

特点是高灵敏度宽频接收能力,能够适应复杂的多调制信号;支持方向定位与目标跟踪。主要适用于对星载SAR、机载SAR、弹载SAR和地基SAR的侦察任务,尤其适合在复杂电磁环境中提取信号特性。

对SAR进行侦察的载荷通常以雷达侦察载荷为核心,因为其主要任务是捕获和分析SAR雷达发射的电磁信号,提取关键参数(如频率、调制方式、脉冲重复频率等),从而推测目标 SAR 的性能和工作模式。然而,通信载荷、光学载荷、综合载荷等在特定情况下也可以作为辅助手段,支持对 SAR 系统的综合侦察。因此,本部分主要介绍通信载荷、光学载荷、综合载荷,本章后面的部分主要介绍雷达载荷。

3.2.2.2 通信侦察载荷

通信侦察载荷的核心任务是截获和分析通信信号,通常针对通信网络、数据链或控制链路。尽管通信侦察载荷不是针对 SAR 系统的主要工具,但在某些特定场景下,它可以对 SAR 系统的运行和协作提供辅助情报支持。

通信侦察载荷在 SAR 电子侦察中主要用于数据链拦截和指控链侦察。

一是数据链拦截。SAR 系统(尤其是星载或机载 SAR)通常通过数据链将成像数据传输至地面站或其他协作平台。通信侦察载荷可以截获这些数据链信号,推测其传输模式、数据速率和通信协议,甚至在特定情况下解码部分成像信息。例如,星载 SAR 通过 X 波段或 Ka 波段与地面站通信,通信侦察载荷可以针对这些频段实施监控。

二是指控链侦察。对 SAR 系统的指挥控制信号进行监控,推测其任务状态、指令计划或运行流程。例如,机载 SAR 与地面控制站之间的指令传输可以通过通信侦察载荷截获并分析。

其局限性在于通信侦察载荷无法直接获取 SAR 雷达信号特性。其作用依赖目标 SAR 系统的通信活动,若目标采用加密或低可检测通信模式,则效果有限。

3.2.2.3 光学侦察载荷

光学载荷(包括光学相机和红外成像设备等)是另一种非电磁信号侦察工具,通常用于捕捉目标的物理形态、运行轨迹或部署位置。光学载荷并不能直接侦察 SAR 雷达信号,但在下列场景中具有重要的辅助作用。

一是目标平台确认。对星载 SAR、机载 SAR、地基 SAR 系统的物理平台进行光学监视。例如,星载 SAR 卫星的姿态和轨迹,机载 SAR 的飞行路径,地基 SAR 站的天线阵列部署位置,均可以通过高分辨率光学成像设备进行捕捉。

二是隐蔽目标的间接探测。在复杂地形或高伪装环境中,红外热成像设备可通过目标的热辐射特性,发现地基 SAR 站点或相关设备的位置。

三是协同验证。光学载荷可以验证电子侦察获取的情报。例如,在通过雷达侦察载荷定位地基SAR站点后,光学载荷可以对该区域进行成像,确认目标位置。

其局限性在于光学载荷依赖天气、能见度和目标暴露条件,在复杂气象条件或目标伪装情况下效果有限;光学载荷无法直接提供目标SAR雷达的信号特性。

3.2.2.4 综合侦察载荷

雷达侦察载荷是对SAR系统侦察的核心工具,通信载荷和光学载荷可以在某些特定任务中提供补充情报,实现多载荷协同效应;而综合侦察载荷集成了雷达侦察、通信侦察与光学侦察功能,实现对目标的多模态综合侦察。

在综合侦察需求下,在侦察敌方地基SAR站点时,雷达侦察载荷用于捕获目标雷达信号,通信载荷监控其数据链活动,而光学载荷通过高分辨率成像验证设备部署位置。

在战场环境中,光学载荷可以捕捉机载SAR的飞行路径,通信载荷分析其与控制站的通信活动,雷达侦察载荷则提取其雷达发射参数,从而形成对目标的综合感知。

侦察载荷作为SAR电子侦察系统的核心组成部分,涵盖雷达侦察、通信侦察、光学侦察和综合侦察等多种类型。其高效的信号捕获与处理能力,为星载、机载、弹载和地基平台的侦察任务提供了坚实支持。通过多模态融合和技术创新,侦察载荷正在向更智能化、更综合化的方向发展,为未来复杂战场环境下的电子侦察与对抗提供重要保障。

3.2.3 信号处理与数据分析

信号处理与数据分析是SAR电子侦察系统的核心环节,其任务是对捕获的目标SAR信号进行处理、分析与解读,为侦察、监视和对抗提供高质量的情报支持。在SAR电子侦察中,信号处理技术通过对复杂电磁信号的多维度分析,提取目标的雷达特性、成像参数和工作模式;数据分析技术则以处理后的信号为基础,结合大数据和人工智能技术,形成对目标行为和能力的综合判断。本节系统剖析SAR电子侦察信号处理的关键步骤、数据分析的核心任务、关键技术与实现方法,以及应用案例等。

3.2.3.1 信号处理的关键步骤

信号处理是 SAR 电子侦察任务的基础,涉及从信号捕获到特性提取的全流程。其核心目标是从复杂背景中提取目标 SAR 信号的关键信息。

1) 信号捕获与预处理

SAR 信号捕获是信号处理的起点,依赖高灵敏度接收器和高增益天线完成目标信号的接收。信号预处理包括去噪、滤波和数据格式化等步骤,以确保后续处理的可靠性。

去噪技术:利用带通滤波器和自适应滤波技术,降低电磁背景噪声对目标信号的干扰。

动态范围扩展:通过自动增益控制(AGC)技术,优化弱信号的接收质量,提高系统的动态响应能力。

2) 特征提取与频谱分析

特征提取是信号处理的核心任务,旨在获取目标 SAR 信号的关键技术参数,如中心频率、带宽、脉冲重复频率(PRF)和调制方式。

时频分析:结合短时傅里叶变换(STFT)和小波变换技术,分析 SAR 信号在时间和频率域的分布特性,适应复杂调制信号。

参数估计:通过脉冲压缩和调制识别技术,提取目标 SAR 的工作模式参数,为目标分类提供依据。

3) 干扰与欺骗评估

在侦察对抗任务中,信号处理还包括目标 SAR 的抗干扰性能和欺骗能力评估。通过分析信号的抗干扰技术(如频率捷变、自适应波束赋形),推测目标的技术能力。

3.2.3.2 数据分析的核心任务

信号处理得到的技术参数需要通过数据分析进一步解读,以形成对目标 SAR 的行为模式、能力水平和战术意图的全面认识。

1) 多源数据融合

在 SAR 电子侦察任务中,数据来源通常多样化,包括雷达侦察载荷提供的频谱数据、通信侦察载荷的链路分析结果,以及光学载荷的成像信息。多源数据融合通过综合不同载荷提供的信息,提高情报的全面性和可靠性。

数据关联:利用目标的频率特性、轨迹信息和成像规律,关联多种侦察载荷数据,形成对目标的全景认知。

数据清洗与标准化:通过降噪、格式转换和异常点剔除,提升数据的质量和一致性。

2)目标分类与识别

目标分类与识别是数据分析的关键任务,其核心是利用处理后的 SAR 信号特征,快速区分不同类型的目标。

机器学习方法:基于支持向量机(SVM)和深度学习[如卷积神经网络(CNN)],对目标 SAR 的成像规律和辐射特性进行模式匹配和分类。

特征数据库:构建目标 SAR 系统的特征数据库(如频谱参数库),对实时捕获信号进行比对,确认目标身份。

3)行为模式分析

通过对目标 SAR 的工作周期、覆盖规律和成像能力的长期监测,分析其行为模式,推测目标任务意图。

轨迹预测:结合目标 SAR 的工作周期和轨道信息,预测其未来的活动区域和侦察意图。

成像能力评估:通过分析目标的分辨率、信噪比和成像几何关系,推断其对战场态势感知的能力。

3.2.3.3 关键技术与实现方法

1)时频分析与波形识别技术

时频分析技术能够有效处理复杂的多调制 SAR 信号,为目标分类提供基础。

小波变换:适用于非平稳信号的特性提取,特别是在目标频率捷变或调制方式多样时。

脉冲压缩技术:用于提高雷达信号分辨率和时域分辨率,便于捕获高分辨率信号的特性。

2)数据挖掘与人工智能技术

数据挖掘技术通过对大规模信号数据的模式发现,为目标行为分析提供支撑。

深度学习模型:基于多层神经网络的学习模型能够从复杂信号中提取深层特征,用于目标分类和预测。

知识图谱:通过构建目标 SAR 的知识图谱,分析其协同工作关系和战术网络结构。

3）实时处理与云端分析技术

现代 SAR 电子侦察系统注重数据的实时性,通过云计算和边缘计算技术,加速数据处理与分析过程。

边缘计算:在侦察平台端完成初步信号处理,减少数据传输延迟。

云计算:利用集中式计算资源完成大规模数据分析,适用于长期监控与趋势分析。

3.2.3.4 应用案例

案例一:星载 SAR 数据分析。通过长期轨道监测和信号采集,分析目标星载 SAR 的成像周期、覆盖范围和工作规律。例如,对高分辨率星载 SAR 的频谱分析可揭示其工作模式,为战区情报监控提供支持。

案例二:动态目标监控。在战场环境中,通过对机载 SAR 的实时信号处理与数据分析,捕获其飞行轨迹和辐射特性,辅助制定反制策略。例如,实时识别高速机载 SAR 的调制方式,可快速匹配其特征库,预测其成像目标。

案例三:战术干扰评估。结合信号处理与数据分析技术,评估目标 SAR 的抗干扰能力和欺骗防护性能,为电子对抗任务提供数据支持。例如,通过分析目标 SAR 的频率捷变模式,设计对应的干扰策略。

信号处理与数据分析是 SAR 电子侦察系统的核心技术环节,直接影响系统的精度、效率和可用性。通过多阶段的处理流程,将原始信号转化为有意义的侦察数据。

SAR 电子侦察系统的组成不仅体现了平台与载荷的硬件配置优势,还展示了信号处理与数据分析的技术深度。通过本节内容,读者应能清晰理解 SAR 侦察系统的核心构成及其在实际应用中的功能流程,从而为深入学习电子对抗技术打下坚实基础。

第 3 节 雷达侦察载荷基本原理与功能

本节将重点阐明雷达侦察载荷的核心原理与实际价值。首先对比传统雷达与侦察载荷在信号发射与被动接收方面的本质差异;其次说明侦察设备如何凭借对敌方雷达辐射信号的截获与解析,实现目标的快速定位与参数提取;最后简述其在威胁评估、干扰指引和情报支援等环节中的关键作用,为后续对各项概念任务与特点的深入展开做好铺垫。

3.3.1 雷达侦察的基本概念及内容

3.3.1.1 基本概念

雷达侦察载荷与雷达的工作机制截然不同[2-3]。

雷达通过发射电磁波照射目标,接收目标反射的回波信号来获取其位置、距离和特性,因此不依赖目标自身发射的信号。相比之下,雷达侦察则专注探测是否有雷达在工作,完全依赖接收目标雷达发出的电磁信号。侦察设备自身不发射任何信号,仅通过被动截获敌方雷达的辐射信号,提取其参数、方向信息并综合定位雷达辐射源位置。如果目标雷达未开启,则侦察设备无法获取任何信息。

雷达侦察的核心目标是通过探测、截获和分析敌方雷达的电磁信号,获取其工作特性、位置及作战意图。作为雷达电子战的重要组成部分,雷达侦察为实施对抗行动奠定了基础,同时通过与其他侦察手段的结合,生成综合情报,为战场指挥提供有力支持。

雷达侦察设备的主要功能包括对敌方雷达辐射源的信号截获与分析、数据处理和威胁情报生成。其作用不仅限于识别敌方雷达的类型、参数和功能,还能评估雷达的威胁等级,为战场态势告警、干扰机引导和武器打击提供可靠的情报支撑。通过精准的信号分析和实时处理,雷达侦察有效服务于战术决策与战略规划,成为电子战中不可或缺的关键环节。

3.3.1.2 雷达侦察的基本任务

1) 截获雷达信号

截获敌方雷达信号是雷达侦察的核心任务,目标涵盖搜索雷达、跟踪雷达、火控雷达及弹载制导系统等多种类型。成功截获信号需满足以下关键条件。

一是方向对准,雷达天线通常采用锐波束进行空间扫描,雷达侦察设备也需要在空间中进行天线扫描。只有当两者方向对准时,侦察设备才能截获信号。二是频率对准,敌方雷达的工作频率通常未知,分布范围广泛。侦察设备需在极短时间内在相关频段内快速搜索并锁定目标频率。三是信号强度足够,侦察设备接收到的信号功率需要达到一定强度,以满足设备的灵敏度要求,从而完成信号处理。

2) 确定雷达参数

截获的雷达信号需要进行详细分选和精确测量,以提取关键技术参数。对这些参数的分析为雷达类型的识别与威胁等级的评估提供了重要依据。

载波频率(radio frequency,RF)是雷达工作的基本频率范围,能够明确其信号传输特性,是识别雷达功能的重要参数。到达角(angle of arrival,AOA)反映了信号的空间入射方向,利用多点测量可辅助精确定位雷达的地理位置。到达时间(time of arrival,TOA)提供了信号的时间特性,记录信号到达的具体时间,有助于分析雷达的工作规律与操作模式。脉冲宽度(pulse width,PW)描述了雷达脉冲的时间特性,直接反映了雷达的距离分辨率和目标检测能力。脉冲重复频率(pulse repetition frequency,PRF)则反映了雷达信号的周期性,是分析雷达扫描模式和用途的关键指标。而信号幅度(pulse amplitude,PA)用于评估信号强度,帮助判断雷达的功率输出和有效覆盖范围。

通过综合分析这些参数,可为雷达信号类型的判别、功能的推测以及威胁等级的科学评估奠定坚实的技术基础。

3)进行威胁判断

基于截获信号的特性参数和方向信息,雷达侦察设备可完成以下任务:一是威胁评估,识别敌方雷达的功能及威胁程度,如是否为制导雷达、火控雷达等;二是信号环境建模,形成信号环境文件,存储于数据库或记录设备中;三是情报传输,将实时情报传送至指挥机关,支持战术决策;四是通过威胁判断,侦察设备能够动态评估战场雷达环境,帮助作战人员制定应对措施。

3.3.1.3 雷达侦察的定义与特征

雷达侦察可定义为,利用雷达侦察设备探测并截获敌方雷达电磁辐射信号,通过对信号的特征与技术参数进行测量、分析、识别和定位,掌握雷达的类型、功能、特性、部署地点及相关平台属性的电子侦察过程[3]。

【定义分析】

侦察对象:敌方雷达的电磁信号。

侦察动作:包括信号搜索、截获、测量、分析和识别。

结果目的:获取情报信息,支持战场决策。

侦察内容:涉及信号参数、雷达位置、功能特性及其平台属性。

雷达侦察通常集中于战斗前和战斗中,对敌方制导雷达和火控雷达的侦察尤为重要,这类雷达因其对作战行动的直接威胁而被优先处理,要求快速、准确地测定其空间位置,以支持战场决策。侦察过程涉及搜索雷达、跟踪雷达以及火控雷达等关键目标,通过对这些目标的有效探测与分析,为后续的雷达干扰行动提供精确的情报支撑,从而在电子战中发挥核心作用。

从作用机理分析,雷达侦察是一种基于无源侦察的工作方式,应该说既有优势又有不足。优势是隐蔽性强,采用了无源侦察方式,对敌雷达侦察过程中并不辐射电磁波,意味着在战场上没有电磁暴露征候;不足是如果敌方雷达不开机,雷达对抗侦察设备就无法搜索、截获到敌方雷达辐射的信号,自然也就无法发现敌方目标。

3.3.2 雷达侦察的分类

雷达侦察载荷实际上是一个专门接收雷达信号的接收机。雷达侦察可以按照多种标准分类。

3.3.2.1 按战术用途分

根据战术用途,雷达侦察可分为电子情报侦察(ELINT)、电子支援侦察(ESM)、寻的与告警、引导干扰以及引导杀伤性武器五大类型[3]。各类雷达侦察在情报搜集和战术支援中发挥着不同作用,共同构成了现代雷达电子战的多层次体系。

1)电子情报侦察

电子情报侦察主要服务于战略情报需求,重点获取敌方雷达的长期技术数据和军事部署信息,为高级指挥机关提供决策依据。

其核心功能包括三点:一是情报采集,通过持续监视,全面掌握敌方雷达的类型、用途、数量及分布位置,评估其技术水平和作战能力;二是战术推演,分析敌方雷达网络的功能及部署规律,推测其作战意图及未来行动计划;三是技术评估,获取敌方新型雷达的关键参数,如频率、波形特征及调制方式,以确定技术进步水平。

电子情报侦察设备通常搭载于卫星、飞机或舰艇平台,其信号截获与处理流程灵活多样。为减轻平台负担,数据分析常通过远程通信传回地面站执行。电子情报侦察在战时与平时均持续运行,通过长期数据积累,形成详尽的技术数据库,为战略层面决策提供可靠情报支持。

2)电子支援侦察

电子支援侦察以战术需求为导向,注重实时响应和快速处理,是战场情报支持的核心环节。其核心功能包括三点:一是快速反应,侦察重点放在战斗前和战斗中,及时捕获火控雷达与制导雷达信号,为战术行动提供即时支援;二是技术

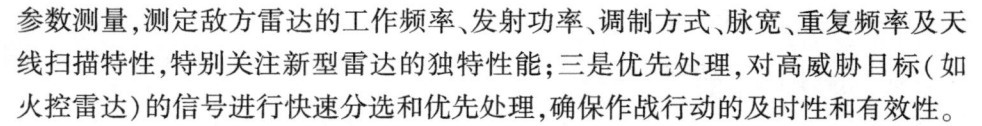

参数测量,测定敌方雷达的工作频率、发射功率、调制方式、脉宽、重复频率及天线扫描特性,特别关注新型雷达的独特性能;三是优先处理,对高威胁目标(如火控雷达)的信号进行快速分选和优先处理,确保作战行动的及时性和有效性。

电子支援侦察设备多部署在作战飞机、舰船和地面机动站,其灵活性和实时性要求设备具备高灵敏度和快速分析能力,为战术层面提供关键技术支持。

3)寻的与告警

寻的与告警系统是作战平台的第一道防线,主要用于探测敌方威胁信号并发出实时告警,保护平台免受攻击。其核心功能包括三点:一是威胁信号截获,快速捕获敌方火控雷达、制导雷达的威胁信号,并对其参数进行简要测量;二是实时告警,通过灯光、音响或数字显示的方式提示操作员威胁雷达的方向、距离和危险程度;三是快速响应,操作员依据告警信息采取电子干扰、规避或反击措施,以保障平台安全。

寻的与告警设备主要应用于飞机、舰艇和地面机动平台,重点在于实时性和高优先级处理。其目标是保障平台的生存能力,并不要求全面的技术参数测量。

4)引导干扰以及引导杀伤性武器

雷达侦察是电子干扰的核心前提,其提供的信号数据直接决定了干扰行动的有效性。其核心功能包括三点:一是干扰参数确定,利用侦察设备测定敌方雷达的工作频率、方向和信号特征,选择最佳干扰样式;二是精确指向,引导干扰机调整方向性天线,将干扰信号集中作用于目标雷达;三是效果评估,通过侦察设备的实时监测,评估干扰对敌雷达的影响,并调整干扰策略。引导干扰广泛应用于战术级别的电子对抗行动,通过压制敌方雷达的探测能力,为己方部队争取战术优势。

3.3.2.2 按其他方式分

按照装载平台分,雷达侦察设备分为星载、机载、弹载和地基侦察设备。

按工作频段分,雷达侦察设备分为全频段雷达对抗侦察设备和特定频段雷达对抗侦察设备。全频段雷达对抗侦察设备庞大,结构复杂,一般只适合陆用;特定频段雷达对抗侦察设备分为 UHF、L、S、C、X、Ku、Ka、毫米波波段以及多波段等。

按接收机技术体制分,雷达侦察设备分为晶体视频、超外差和瞬时测频三种,分别对应信道化、微扫压缩和声光一体。

雷达侦察是进行雷达对抗的基础,它所获取的情报既是制订雷达对抗的计划、研究雷达对抗的策略、发展雷达对抗的依据,同时又直接为雷达干扰、反辐射武器攻击,以及其他战术行动提供情报保障。

3.3.3 雷达侦察的基本特点

3.3.3.1 不向目标发射电磁信号隐蔽信号

在战场环境中,敌方仅依靠电子探测手段难以明确我方雷达侦察载荷的数量、方向以及具体工作时间,从而无法有效发现或预测我方行动。这种特性在电子战对抗中赋予了我方一定的战略隐蔽优势,显著降低了被敌方攻击的风险。雷达侦察采用被动接收外界辐射信号的方式运行,具备较高的隐蔽性和安全性,这也使其成为电子战中关键的情报获取手段之一。

3.3.3.2 作用距离远、预警时间长

雷达侦察的对象是雷达信号。雷达在工作时信号要走一个来回,而信号在传输的路途中被损耗。因此,信号的强度随着距离的增加逐渐减小。目标反射吸纳后只能是很小的一部分,它在沿原途返回时将再次损耗。为了接收到从目标反射回来的信号,尽管雷达发射的信号强度很高,它所接收的信号仍然很小。此外,雷达只要一工作,就必须发射信号,很容易被暴露。

雷达侦察载荷接收的雷达信号从雷达天线出来到设备只有一个单程。因此,它可能收到的信号的强度相对来说要大很多。用同样的技术水平来做设备雷达侦察的有效距离往往可以大于雷达发现目标的作用距离。例如:远程战场侦察雷达的探测距离可达300km;远程战场侦察雷达的侦察距离可达4800km。

具体来说,雷达接收的信号为目标对发射信号的二次散射波,其能量与距离的四次方成反比。而雷达侦察设备接收到的信号是雷达直接辐射的电磁波,信号能量与距离的平方成反比。由于这一差异,雷达侦察设备的有效探测距离通常显著大于雷达的作用距离,通常可达到其1.5倍甚至更高。这种特性使雷达侦察设备能够在战场环境中提供更长的预警时间,为作战单位争取了更充足的反应时间和战术调整空间。

3.3.3.3 对被接收的信号没有先验信息

我方的侦察设备必须在频域和空域上具有宽开性,能瞬时或顺序地允许接收各种各样的雷达信号,不能因为不认识信号而在任何时候都拒绝接收信号。

3.3.3.4 获取的信息多而准

雷达侦察直接接收目标雷达的发射信号,信号经过的传播环节少,受外界干扰较小,因此信噪比高,所获取的信息具有较高的精确性。同时,利用雷达信号细节特征分析技术,可以对同型号不同雷达的微小信号差异进行分析,进而建立高精度的雷达"指纹"数据库。雷达侦察系统的宽频带和大视场特性,也使其能够覆盖更广的探测范围,获得丰富多样的情报信息。

然而,雷达侦察也存在一定的局限性。例如,情报获取依赖目标雷达的发射,若目标雷达处于关闭状态,则难以获取相关信息。此外,单一侦察站难以精确确定目标距离。因此,完整的情报保障体系需结合有源与无源侦察手段,优势互补,才能实现全面、精准、高效的情报支持。

第 4 节　雷达侦察载荷技术及应用

雷达侦察载荷是雷达电子战中用于实施电子支援的重要技术手段,其主要任务是搜索、截获、分析敌方雷达信号并提取关键参数,为雷达对抗与战术决策提供支撑。随着电子战复杂性的提高,现代雷达侦察载荷在组成结构、性能指标和适应能力等方面提出了更高要求。本节围绕雷达侦察载荷的基本组成、性能要求及其对星载 SAR 侦察的技术可行性进行全面分析。

3.4.1　基本组成与功能分工

典型雷达侦察载荷的基本组成如图 3.1 所示,其核心功能是通过截获和分析雷达信号,实现情报侦察、战术支援以及雷达告警等任务。

雷达侦察载荷的关键组件包括天线、信号接收单元、信号处理模块和显示系统。这些部分可划分为前端和后端两部分。前端负责信号的截获与初步处理,后端则完成信号的分析与信息的输出,二者协同工作,实现对目标雷达信号的全面探测。

3.4.1.1　前端

前端是雷达侦察载荷的核心部分,其主要任务是完成 SAR 信号的接收、转换与初步处理,为后端载荷提供准确、高质量的信号输入。前端载荷包括天线系统和接收机系统两个主要组件,前者决定信号捕获的空间范围与精度,而后者负责将高频信号转化为适合后续处理的低频信号。

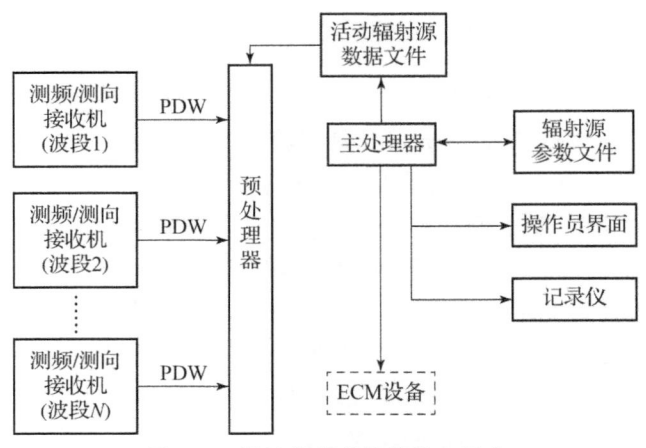

图 3.1 雷达侦察载荷的基本组成

1）天线系统

天线系统是前端载荷的第一级组件，负责将空间中的雷达电磁波信号接收并转换为电信号。天线的性能直接影响侦察的空间覆盖范围、信号接收灵敏度以及方向定位的精度。天线的基本功能包括以下内容。

信号接收：接收雷达发射的电磁波信号，包括主瓣和副瓣信号。

方向测量：确定雷达信号的到达方向（angle of arrival, AOA）。

频率适配：支持宽频段信号接收，涵盖目标雷达的工作频率范围。

现代雷达侦察载荷采用多种天线技术，以满足不同任务需求。宽频带天线用于覆盖雷达可能的工作频率范围，典型代表对数周期天线和螺旋天线。对数周期天线适合覆盖极宽频段，广泛用于高灵敏度雷达侦察任务。螺旋天线用于接收圆极化信号，具备较强的抗干扰能力。高增益天线通过聚焦波束提高信号接收能力和方向分辨率，典型代表包括抛物面天线和相控阵天线。抛物面天线适合接收远距离雷达信号，主要用于固定式或地基侦察平台。相控阵天线具备快速波束扫描能力，适合多目标跟踪和动态环境应用。多天线阵列在复杂电磁环境下，单一天线难以满足测向精度和覆盖范围的要求。采用多天线阵列技术，可以实现高精度测向和多极化接收。通过波束形成技术，提高信号的到达方向测量精度，同时接收线极化、圆极化信号，适应目标雷达的多样化极化模式。

天线设计的关键指标主要包括以下内容。

带宽：必须覆盖目标雷达的工作频段，典型范围为 0.5~40.0GHz 甚至更高。

方向图：主瓣增益高、旁瓣低，以提高信号接收效率并降低干扰影响。

极化特性:支持多种极化方式(如线极化、圆极化),适应复杂信号环境。

2)接收机系统

接收机系统是天线之后的第二级组件,其主要任务是对天线接收的信号进行放大、频率转换与初步参数测量,确保信号质量符合后续处理需求。

接收机系统的基本功能包括信号放大、频率转换和参数测量。其中,信号放大是增强微弱雷达信号,使其达到可处理的信号电平;频率转换是将高频信号转化为低频或基带信号,便于后端处理;参数测量是对载波频率、脉冲宽度(pulse width,PW)、脉冲重复频率(pulse repetition frequency,PRF)等进行初步测量。

现代雷达侦察载荷的接收机通常采用超外差架构,兼顾高灵敏度与宽频带性能。直接检波接收机适用于简单信号环境,主要用于短距离侦察任务,其特点是灵敏度较低但结构简单。超外差接收机通过混频器将高频信号下变频到中频,再进行放大和处理,优点是灵敏度高,动态范围大,适合复杂电磁环境,主要用于星载、机载等需要高灵敏度和宽带覆盖的侦察载荷测频接收机具备实时测频能力,适合处理快速跳频雷达信号,在捷变频或跳频雷达侦察任务中尤为关键。

接收机设计的关键指标主要包括以下内容。

频率范围:必须覆盖目标 SAR 的频率,通常为宽带设计。

灵敏度:输入端最低可检测信号强度,一般小于 −70dBm。

动态范围:确保同时处理强弱信号,通常要求大于 70dB。

频率分辨率:能够区分频率间隔小于 2MHz 的信号。

截获时间:捕获目标信号所需的时间必须足够短,以适应目标雷达的快速变化。

3.4.1.2 后端

雷达侦察载荷的后端主要负责对前端捕获的信号进行深度分析与处理,提取雷达的技术参数和战术信息,其核心组成包括信号处理系统和人机交互界面。信号处理系统通常由预处理机和主处理机组成,各自承担不同的功能。

预处理机的任务是将高密度雷达信号流简化为主处理机可高效处理的信号流。通过高速专用电路,预处理机对接收的信号进行快速筛选,将大量无关或重复的雷达信号从输入流中剔除。具体而言,预处理机通过实时比对输入信号的脉冲参数与雷达先验参数库实现信号分类和筛选,快速识别无用信号并优化信号流。雷达先验参数库可提前装载,也可在处理过程中动态调整,以适应复杂多变的信号环境。

主处理机则负责对通过预处理的信号进行深度分析和识别。其目标是提取信号中的关键信息,如天线扫描模式、方向图特性等。主处理机根据先验知识对数据进行精细筛选,并对符合雷达特征的信号执行检测、参数估算、状态识别和威胁评估等操作。最终处理结果会传递到显示系统、记录设备或干扰控制模块,为指挥决策和电子对抗行动提供支持。

人机接口操作界面通过数字显示器、图形化终端等方式输出分析结果,并支持操作员对目标雷达进行实时监控和指挥决策。主要作用是控制雷达对抗侦察机的各部分工作状态,使雷达对抗侦察设备按操作员的要求在感兴趣的空间、频段对雷达信号进行接收、处理和显示。其中操作员界面主要指显示器,用来指示雷达的频率、方位和信号参数。显示器的形式有音响显示、灯光显示、指针显示、示波管显示和数字显示等。指示灯和扬声器一般用来报警和粗略指示雷达的频率和方位,示波管和数字显示可以精确地显示雷达的频率、方位和其他参数。记录器用来存储和记录接收到的信号的参数,供以后分析使用。存储与记录的方法包括磁带记录、拍摄记录、数字式打印记录、数字存储等。

在侦察卫星、无人驾驶飞机或投掷式自动侦察站等无人管理的侦察设备中,通常还需要有数据传输设备,以便将侦察到的数据传送出去。

3.4.2 对现代雷达侦察载荷的要求

对雷达侦察载荷的要求由它的用途决定。随着电子技术的快速发展和电子战信号环境的日益复杂化,现代雷达侦察载荷需要具备更强的信号适应能力。尤其是在面对各种新体制雷达信号时,侦察载荷必须能够迅速识别、适应和处理,以应对多样化的战场环境和技术挑战。

具体来说,现代雷达侦察载荷应满足以下要求。

3.4.2.1 通用技术要求

1) 高截获概率

截获概率是指雷达侦察系统在空域、频域和时域截获辐射源辐射信号的概率。截获概率与检测概率不同,检测概率主要由侦察系统的门限电平决定。雷达侦察载荷要正常工作,必须同时满足截获概率和检测概率的要求。因此,雷达侦察系统必须具备在频域、空域和时域内高效截获信号的能力。其关键指标是信号覆盖范围与灵敏度的综合平衡。

2) 宽频带覆盖

频率覆盖范围(侦察频段)是指雷达侦察系统能够侦收各种辐射源辐射信号的射频频率范围。不同的雷达侦察系统的频率覆盖范围不同。目前,现代高性能雷达侦察载荷的频率覆盖范围可达 0.5~40.0GHz,甚至更高。

3) 高动态范围

动态范围是衡量系统处理同时到达的弱信号和强信号能力的一个指标。对弱信号的处理能力主要受接收机内部噪声电平的限制,而对强信号的处理能力主要受接收机饱和电平的限制,如果信号太强由于接收机非线性的作用,则会产生寄生输出或对弱信号产生抑制作用。因此,雷达侦察载荷的动态范围必须与输入信号幅度的变化范围相吻合。通常,由于各种辐射源辐射功率的不同、天线增益的变化以及辐射源与侦察系统之间的距离变化等原因引起的输入信号变化范围达 110~120dB,因此现代雷达侦察载荷对动态范围的要求很高,通常要求现代雷达侦察接收机动态范围大于 70dB。

4) 实时处理能力

随着电子对抗信号环境中辐射源数目的增加以及高重复频率脉冲多普勒雷达的出现,脉冲重合的概率大大增加,对现代电子对抗系统提出了处理同时到达信号的要求。如前所述,随着信号流密度的增加(辐射源数目和平均脉冲重复频率的增加),处理同时到达信号的能力将越来越重要。在高密度信号环境中,侦察载荷必须具备实时分选与分析能力,确保对威胁信号的优先处理。

3.4.2.2 特殊技术要求

雷达侦察载荷作为雷达电子战的重要组成部分,根据应用平台的不同,其设计和性能要求也呈现显著差异。星载、机载、弹载和地基平台由于工作环境、任务性质和技术限制的不同,分别对雷达侦察载荷提出了特殊的要求。

1) 星载雷达侦察载荷

星载平台具有全球覆盖能力和长时间持续性,是战略侦察的核心工具。其独特的工作环境对侦察载荷提出了特殊的技术要求。

一是全球覆盖与多目标跟踪。全球覆盖是指星载侦察载荷依赖轨道覆盖能力,能够实时监控大范围目标区域。设计时需保证天线系统具备足够的波束宽度,以实现全球覆盖。多目标跟踪指面对多个目标的同时活动,侦察载荷需要具备快速切换和分辨多个信号源的能力,以支持广域监控任务。

二是高灵敏度与低功耗设计。由于空间中的信号强度通常较弱,星载侦察载荷必须具备极高的灵敏度,以确保对微弱雷达信号的有效截获。低功耗是考虑到星载平台的能量来源主要依赖太阳能电池,功耗受到严格限制。载荷设计需在低功耗的前提下,实现高效信号处理和数据传输。

三是抗辐射与长寿命。空间环境中存在大量宇宙射线和高能粒子,这对电子设备的可靠性造成严峻挑战。星载侦察载荷必须采用抗辐射设计,如硬化处理和容错算法,以提高设备可靠性。由于更换成本高,星载平台要求侦察载荷在轨道运行中保持稳定,通常设计寿命需达到 5 年以上。

四是宽频带与多模式适应性。星载平台需要适应全球范围内多种雷达信号,侦察载荷需覆盖极宽的频率范围(如 0.5~40.0GHz),能够侦察脉冲雷达、连续波雷达、捷变频雷达和跳频通信等多种信号模式。

2)机载雷达侦察载荷

机载平台凭借其灵活性和快速响应能力,成为战术侦察的核心工具。机载雷达侦察载荷的特殊要求体现在以下几个方面。

一是高机动性与快速响应。机载平台需要对动态目标进行实时侦察,载荷需具备快速响应能力,能够在飞行中捕获并处理目标雷达信号。飞行高度和速度的变化会引起信号多普勒效应,侦察载荷需具备强大的抗多普勒偏移能力。

二是抗干扰与隐蔽性。在敌方高强度电子对抗环境中,机载侦察载荷需具备抗干扰能力,能够有效分辨目标信号与干扰信号。机载平台易受到敌方雷达探测,为减少暴露,侦察载荷需尽量降低自身电磁辐射,同时保证侦察任务的有效性。

三是小型化与轻量化。机载平台的载荷能力有限,侦察设备必须小型化、轻量化,以适应载荷空间和重量的限制。模块化设计可实现多功能一体化,减少冗余设备,提高系统效率。

四是多目标跟踪与广域覆盖。面对高动态战场环境,侦察载荷需具备对多个目标雷达的同时跟踪能力。通过高增益天线和快速波束扫描,覆盖更广区域,同时提高目标定位精度。

3)弹载雷达侦察载荷

弹载平台以导弹或无人飞行器为载体,其高速、高动态的特点对侦察载荷提出了严苛要求。

一是高动态适应性。弹载平台的运行速度可达每小时数千千米,侦察载荷需具备快速信号捕获与处理能力,以应对飞行过程中目标信号的快速变化。弹载平台通常在短时间内完成侦察任务,侦察载荷需在极短时间内完成信号截获、处理与传输。

二是高隐蔽性与抗探测。弹载平台需尽量避免被敌方雷达探测,侦察载荷需采用隐身设计,包括低可探测材料和低辐射特性。在敌方密集干扰环境中,侦察载荷需保持高效工作。

三是小型化与高可靠性。弹载平台的空间和重量限制更为严格,侦察载荷需进行高度集成化和小型化设计。弹载平台的高动态特性对设备的抗震动和抗过载能力提出更高要求。

四是实时数据传输与处理。弹载侦察载荷需在有限的飞行时间内,实时传输所截获的信号数据。实现边侦察边处理,避免任务结束后对信号再分析的时效性问题。

4)地基雷达侦察载荷

地基平台由于稳定性好、能源供给充足,是战略和战术侦察的基础工具。其侦察载荷的特殊要求包括以下四点。

一是高灵敏度与长时间工作能力。地基平台由于距离目标较远,侦察载荷需具备极高的灵敏度,尤其在侦察低功率目标信号时。依托地面供电系统,地基侦察载荷通常设计为能够长期连续运行,以支持周期性目标监控。

二是高增益天线与多站协同。地基平台常采用抛物面天线或相控阵天线,以实现对远距离目标的信号捕获。通过多地基站点的协同工作,实现大范围区域的覆盖和精确定位。

三是高可靠性与低维护性。地基平台需适应各种气候条件和复杂地形,对侦察载荷的可靠性提出高要求。为减少维护成本,地基侦察载荷通常设计为模块化结构,便于快速更换和维修。

四是数据处理与存储能力。地基平台能够配备大容量存储设备,用于长期数据积累和分析。在复杂电磁环境下,地基侦察载荷需具备强大的信号处理能力,以完成高密度信号的分选与识别。

星载、机载、弹载和地基雷达侦察载荷各自承担不同任务,技术要求呈现显著差异。星载载荷强调全球覆盖、高灵敏度与抗辐射能力,机载载荷需具备快速响应、小型化与抗干扰性能,弹载载荷追求高动态适应性、隐身性和实时数据处理能力,地基载荷则突出高灵敏度、长时间运行和多站协同。根据平台特点优化设计雷达侦察载荷,是提升电子战侦察能力的关键。

第5节　合成孔径雷达电子侦察方程

侦察方程是设计雷达侦察载荷,并检验、分析、评估其性能的主要方程。在雷达电子战中,侦察为有效干扰提供情报支援,是干扰(有源干扰)的前提。换句话说,干扰反映的是效果好坏问题,而是否侦察到反映的是有无问题。

3.5.1　雷达侦察方程

设侦察机与雷达的位置关系如图3.2所示。

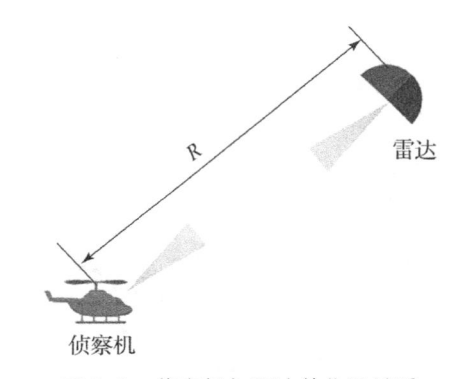

图3.2　侦察机与雷达的位置关系

根据电磁场传播原理,雷达在侦察机处辐射的信号功率面密度为

$$P_1 = \frac{P_t G_t}{4\pi R^2 L_t L_1} \tag{3.1}$$

式中:P_t 为脉冲雷达的峰值功率;G_t 为雷达的天线主瓣增益;R 为雷达与侦察机之间的距离;L_t 为雷达的发射损耗;L_1 为传播损耗。

侦察机接收前端侦收到的信号强度为

$$P_2 = P_1 A_e = P_1 \eta G_r \frac{\lambda^2}{4\pi L_r} \tag{3.2}$$

式中:η 为侦察机接收天线的效率;G_r 为侦察机的接收副瓣;λ 为信号波长;L_r 为侦察机接收损耗。

若侦察机的接收灵敏度为 P_{min},根据上述分析则可得出侦察机最大侦察距离 R_{max} 的表示式为

$$R_{\max} = \left[\frac{P_t G_t G_r \lambda^2 \eta}{(4\pi)^2 R_{\min} L_t L_1 L_r}\right]^{1/2} \tag{3.3}$$

式(3.3)即侦察方程。

对于侦察装备性能的分析和计算,不能只依赖侦察方程的计算,还需要考虑地球曲率的影响,即要考虑侦察直视距离的影响。

直视问题是由于地球表面弯曲而引起的通视问题,如图3.3所示。

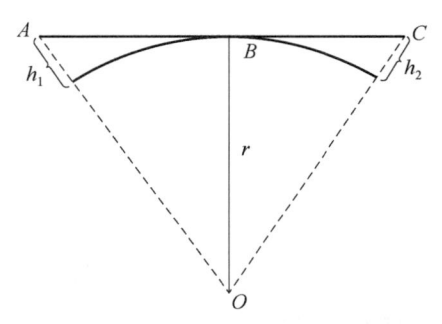

图3.3 侦察机与雷达直视距离示意

设 A、C 分别为侦察机与雷达放置点位,且对地高度分别为 h_1、h_2,r 为地球半径,则侦察机与雷达之间的直视距离为

$$d = \overline{AB} + \overline{BC} \tag{3.4}$$

化简后得近似表达式:

$$d \approx 4.1(\sqrt{h_1} + \sqrt{h_2}) \tag{3.5}$$

式中:d 的单位为 km;高度 h 的单位为 m。

上述侦察方程为常规雷达侦察方程,同样也适应于合成孔径雷达侦察系统。

3.5.2 合成孔径雷达电子侦察方程

SAR 对地面目标区域进行成像侦察时,并不是进行全时段的侦察,因此需要侦察站在卫星出地平线后进行连续的跟踪守候,如果此时 SAR 对地面侦察,由于卫星距离远,侦察站天线仰角低,这时侦察信噪比会非常低;而当侦察天线仰角较高时进行侦察接收信号,信号相对较强,且杂波和干扰少,信噪比相对较高。这就要求对侦察接收机具有较大的动态范围,较强的低信噪比信号的处理能力。

图3.4描述了对典型条带工作模式的星载 SAR 卫星电子侦察场景,图中侦察接收机位于 SAR 卫星照射区域以外,接收的是 SAR 的旁瓣信号。

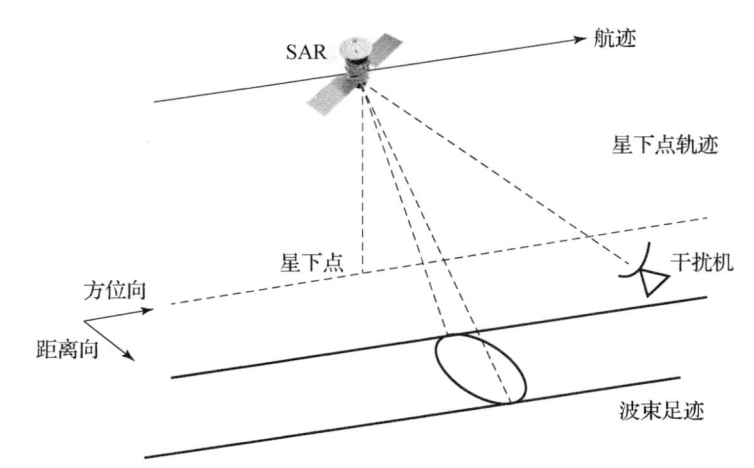

图 3.4 对星载 SAR 卫星电子侦察场景描述

图 3.5 所示为对星载 SAR 的电子侦察的几何关系。图中：坐标系为地心坐标系；R_s、V_s 分别为卫星的距离矢量和速度矢量；R_t、V_t 为表示地面目标的距离矢量和速度矢量；R_r、V_r 分别为侦察接收机的距离矢量和速度矢量。

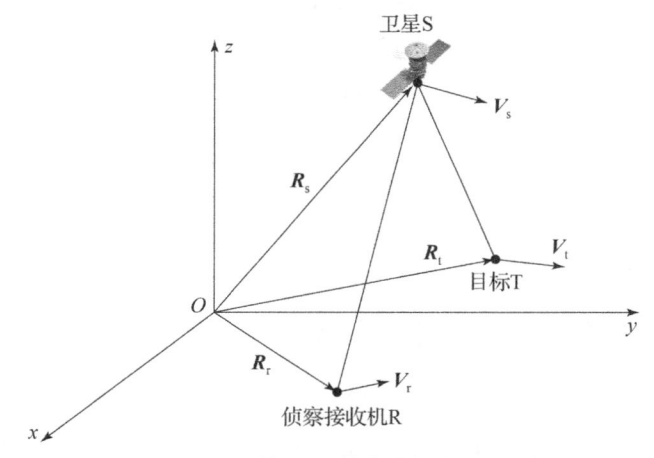

图 3.5 对星载 SAR 的电子侦察几何关系

假设 SAR 发射脉冲信号为 $p(t-nT_p)$，T_p 为脉冲间隔，不考虑天线增益，则在目标 T 处接收的信号为

$$s_T(t) = p[t - nT_p - R_{st}(t)/c] \tag{3.6}$$

式中：R_{st} 为雷达与侦察接收机之间的距离，$R_{st}(t) = |R_s(t) - R_t(t)|$。

在侦察接收机 R 处接收到的信号为

$$s_R(t) = p[t - nT_p - R_{sr}(t)/c] \tag{3.7}$$

式中：R_{sr}为雷达与侦察接收机之间的距离，$R_{sr}(t) = |\boldsymbol{R}_s(t) - \boldsymbol{R}_r(t)|$。

比较式(3.6)和式(3.7)，可得出以下结论。

1) 侦察信号形式

在侦察接收机 R 处接收到的 SAR 信号与 SAR 照射目标 T 处接收到的 SAR 信号形式上是一致的。

2) 侦察信号时延

侦察接收机所接收的信号传播路径为卫星 S 到侦察接收机 R，距离为 $R_{sr} = |\boldsymbol{R}_s - \boldsymbol{R}_r|$，而目标 T 处接收到的信号传播路径为卫星 S 到地面目标 T，距离为 $R_{st} = |\boldsymbol{R}_{st}| = |\boldsymbol{R}_s - \boldsymbol{R}_t|$。可以看出，当侦察接收机布设在侦察区域之外，即采用旁瓣侦察时，$R_{sr} \gg R_{st}$，侦察信号的时延较大。

3) 侦察信号幅度

随着 SAR 的运动，接收到信号的幅度会受到距离和天线方向性图的影响。对于 SAR 照射的目标，其位于天线主波束内，并且在一个合成孔径时间内与 SAR 的距离变化相对较小，且一直处于主瓣照射，因此其幅度特征可认为近似不变。由于侦察接收机一般位于 SAR 侦照区域以外，接收的是 SAR 的旁瓣信号，接收的侦察信号幅度随着侦察接收机与 SAR 的距离和天线夹角的变化而变化，且变化幅度较大。同时，其变化规律还与 SAR 的工作模式密切相关。

4) 侦察信号多普勒历程

根据图 3.5 所示的侦察几何关系，可以得到侦察接收机 R 处接收的雷达发射信号的瞬时多普勒频率为

$$f_{dr} = -\frac{1}{\lambda}\left[\frac{(\boldsymbol{V}_s - \boldsymbol{V}_r) \cdot (\boldsymbol{R}_s - \boldsymbol{R}_r)}{|\boldsymbol{R}_s| - |\boldsymbol{R}_r|}\right] \tag{3.8}$$

雷达接收目标 T 回波信号的瞬时多普勒频率为

$$f_{dt} = -\frac{1}{\lambda}\left[\frac{(\boldsymbol{V}_s - \boldsymbol{V}_t) \cdot (\boldsymbol{R}_s - \boldsymbol{R}_t)}{|\boldsymbol{R}_s| - |\boldsymbol{R}_t|}\right] \tag{3.9}$$

式中：$\boldsymbol{V}_s$、$\boldsymbol{V}_r$ 和 $\boldsymbol{V}_t$ 分别为惯性坐标系中雷达天线相位中心点、侦察接收机和目标的速度矢量。对地球表面的固定目标，有 $\boldsymbol{V}_t = \boldsymbol{\omega}_e \times \boldsymbol{R}_t$，$\boldsymbol{V}_r = \boldsymbol{\omega}_e \times \boldsymbol{R}_r$，$\boldsymbol{\omega}_e$ 为地球自转角速度矢量。如果侦察接收机采用大气层内的有动力或无动力飞行器时，一般应有 $\boldsymbol{V}_r = \boldsymbol{\omega}_e \times \boldsymbol{R}_r + \boldsymbol{V}'_r$，$\boldsymbol{V}'_r$ 为侦察接收机平台的扰动或机动速度矢量。

式(3.8)和式(3.9)表明，侦察接收机接收到的信号为其相对卫星的单程多普勒历程，而 SAR 接收到的目标回波信号为目标相对卫星的双程多普勒历程。

设 SAR 发射功率为 P_t，天线增益为 G_t，雷达与侦察接收机之间的距离为 R，如图 3.6 所示。

图 3.6 旁瓣侦察示意

假设在某一时刻 t，侦察接收机主瓣天线瞄准的 SAR 天线增益为 $G_t(\theta,\varphi)$，它由卫星与侦察接收机的位置和距离等决定，θ 和 φ 分别为 SAR 天线方向性图函数的俯仰角和方位角，则在自由空间条件下，侦察接收机处的雷达信号功率密度为

$$S = \frac{P_t}{4\pi R^2} G_t(\theta,\phi) \tag{3.10}$$

侦察天线所截获的雷达信号功率为

$$P'_r = SA_r = \frac{P_t A_r}{4\pi R^2} G_t(\theta,\phi) \tag{3.11}$$

式中：A_r 为侦察天线的有效面积。

侦察接收机输入端信号功率为

$$P_r = \gamma\rho P'_r = \frac{\gamma\rho P_t A_r}{4\pi R^2} G_t(\theta,\phi) \tag{3.12}$$

式中：γ 为极化系数；ρ 为馈线传输系数。一般侦察天线为全向天线，而 SAR 信号有自己的极化方向，这将会造成信号功率的损失，因此 γ 是小于 1 的常数，在计算中通常取为 0.5。侦收信号在由天线经馈线传送到接收机输入端的过程中将产生功率损失，故而 ρ 也是小于 1 的常数，取决于馈线和天线、馈线和接收机的匹配状况，通常取小于 0.5 的正数。

假设接收机最小可检测到的信号功率为 P_{min}，为保证终端设备工作的可靠性，需使接收机输出端具有一定的信噪比，因此，要求接收到的信号功率 P_r 比最小可检测信号功率 P_{min} 大一定的倍数，即

第 3 章　合成孔径雷达电子侦察技术

$$P_\text{r} \geqslant nP_\text{min} \tag{3.13}$$

式中：n 为可靠系数，一般取经验值 $n = 5 \sim 10$。

综合上述公式得到

$$P_\text{r} \geqslant nP_\text{min} = \frac{\gamma \rho P_\text{t} A_\text{r}}{4\pi R_\text{max}^2} G_\text{t}(\theta,\phi) \tag{3.14}$$

由于侦察天线增益为

$$G_\text{r} = \frac{4\pi A_\text{r}}{\lambda^2} \tag{3.15}$$

将式(3.15)代入式(3.14)，则有

$$P_\text{min} = \frac{P_\text{t} G_\text{r} \lambda^2}{(4\pi)^2 R_\text{max}^2} \cdot \frac{\gamma \rho}{n} \cdot G_\text{t}(\theta,\phi) \tag{3.16}$$

最大侦察距离方程为

$$R_\text{max}^2 = \frac{P_\text{t} G_\text{r} \lambda^2}{(4\pi)^2 P_\text{min}} \cdot \frac{\gamma \rho}{n} \cdot G_\text{t}(\theta,\phi) \tag{3.17}$$

从侦察距离方程可知：若 SAR 的发射功率 P_t 越强、天线增益 $G_\text{t}(\theta,\varphi)$ 越大，则侦察距离越远；若侦察接收机的灵敏度 P_rmin 越小、侦察天线 G_r 增益越大，则侦察距离也越远。

第 6 节　合成孔径雷达电子侦察技术可行性

SAR 是一种具有全天时、全天候、远距离探测能力的主动成像雷达系统，广泛应用于对地观测、军事侦察和目标监控[3]。针对星载 SAR 和机载 SAR 的侦察，雷达侦察载荷需要解决截获、分析和定位等技术难题，同时应满足侦察任务对性能、实时性和抗干扰能力的要求。针对弹载 SAR 和地基 SAR 的侦察任务，需要不同的技术手段和侦察载荷，涵盖信号截获、定位分析和威胁评估等内容。

本节将从技术可行性角度出发，分析四种平台 SAR 的电子侦察特性，结合星载、机载、弹载和地基侦察载荷的适用性，重点探讨当前技术条件下实现对不同平台 SAR 侦察的关键问题，并进一步分析为何地基侦察载荷在此领域占据主流地位。

3.6.1　对星载 SAR 的侦察技术可行性

星载 SAR 通常部署在低地球轨道(LEO)，具备全球覆盖能力，主要用于监

视地面目标和提供高分辨率成像信息。星载 SAR 运行时发射的高功率电磁波信号容易被侦察载荷截获,因此具有较高的侦察可行性。

3.6.1.1 技术优势与挑战

对星载 SAR 实施侦察的技术优势体现在雷达信号特性、发射功率高和轨道特性三个方面:一是雷达信号特性指星载 SAR 信号具有规律性(如线性调频信号和固定重访周期),为侦察载荷的信号截获和参数分析提供便利;二是发射功率高是指星载 SAR 为覆盖较大地面范围,通常发射功率较高(数千瓦级),其主瓣信号和副瓣信号均可被远距离侦察设备接收;三是轨道特性指星载 SAR 以可预测的轨道运行,便于侦察系统通过轨道计算提前定位目标,提高截获概率。

对星载 SAR 实施侦察的挑战也体现在三个方面:一是信号短暂性,星载 SAR 的工作模式通常为按需开机,信号持续时间短(仅几分钟)。侦察载荷需要具备快速响应和宽频带搜索能力;二是天线波束窄,星载 SAR 天线波束的主瓣通常较窄,仅覆盖目标地面区域,侦察载荷可能需要接收低强度的副瓣信号,这对灵敏度提出了更高要求;三是抗干扰与变频特性,为规避敌方侦察和干扰,星载 SAR 可能采用跳频、捷变频等技术,增加了侦察系统的信号处理难度。

3.6.1.2 各平台侦察载荷对星载 SAR 的适用性

1) 星载侦察载荷

星载对星载侦察具备轨道相对优势,可实现对目标星的长期监控。然而,受限于轨道覆盖和功耗约束,其实时性和灵活性不足,难以在目标区域实现全时覆盖。

2) 机载侦察载荷

机载侦察载荷具备机动性优势,可快速部署到目标卫星可见范围内完成侦察任务。但受飞行高度限制,机载平台覆盖范围较小,持续监控能力有限。

3) 弹载侦察载荷

弹载侦察载荷适用于针对星载 SAR 的精确侦察任务,如在目标卫星进入特定区域时发射侦察导弹进行短时间内的参数采集。然而,这种模式仅能一次性使用且成本较高。

4) 地基侦察载荷

地基侦察载荷通过高增益天线和分布式多站协同,可以在目标星轨道经过时接收其主瓣或副瓣信号,并通过测量方位和时间差对目标进行高精度定位,是目前对星载 SAR 侦察的主要方式。

3.6.2 对机载 SAR 的侦察技术可行性

机载 SAR 主要部署在侦察机、无人机等高机动性平台上,用于战术侦察和精确目标定位。由于其飞行高度低、机动性强,机载 SAR 的信号发射特性更复杂,对侦察系统的响应速度和处理能力提出了更高要求。

3.6.2.1 技术优势与挑战

对星载 SAR 实施侦察的技术优势体现在两个方面:一是信号强度相对较高,机载 SAR 距离地面目标较近,其雷达信号在传播路径上的损耗较小,相对易于被侦察载荷截获;二是易被监测轨迹,机载 SAR 的飞行轨迹较低且可被地基雷达监测,侦察载荷可以通过轨迹预测进行信号捕捉。

对机载 SAR 实施侦察的挑战体现在三个方面:一是动态特性强,机载 SAR 的快速移动和多目标指向能力增加了侦察载荷定位和参数提取的难度;二是复杂电磁环境,机载 SAR 通常处于复杂电磁环境中,侦察系统需要具有极强的抗干扰能力;三是短时任务窗口,机载 SAR 可能采用间歇性工作模式,侦察载荷需在短时间内完成信号截获和处理。

3.6.2.2 各平台侦察载荷对机载 SAR 的适用性

1) 星载侦察载荷

星载平台对机载 SAR 的侦察受限于轨道约束,其监控覆盖具有明显盲区,但在可视范围内可利用高轨道优势捕捉目标机载 SAR 的信号。

2) 机载侦察载荷

同平台侦察具备实时性和机动性优势,但可能受目标的飞行速度和轨迹影响,需结合预警信息精确部署。

3) 弹载侦察载荷

弹载侦察载荷的短时高速特性适用于快速捕获机载 SAR 信号,尤其在战术场景下,通过精确定位提供高价值信息。

4) 地基侦察载荷

地基平台对机载 SAR 的侦察以分布式部署为基础,利用多站协同对目标进行全时覆盖和精确定位。在复杂电磁环境中,地基载荷可通过高灵敏度和抗干扰技术保持优异性能。

3.6.3 对弹载 SAR 的侦察技术可行性

弹载 SAR 通常部署在导弹、火箭或无人机平台上，主要用于高精度战术侦察和目标引导。

3.6.3.1 技术优势与挑战

对弹载 SAR 实施侦察的技术优势体现在三个方面：一是高精度定位，弹载侦察载荷通过与目标 SAR 平台的近距离接触，可实现高精度信号捕获与定位；二是战术灵活性，适用于快速突击任务，能够在复杂战场环境中对弹载 SAR 和地基 SAR 实施精确侦察；三是抗干扰能力，弹载平台可通过高速机动规避敌方干扰，适应复杂电磁环境。

对弹载 SAR 实施侦察的挑战也体现在三个方面：一是一次性使用，弹载侦察载荷通常为一次性消耗品，任务经济性较低；二是技术复杂性高，需要具备与目标 SAR 同步的动态能力，对信号处理速度和实时性提出了极高要求；三是信息传输限制，由于载荷生命期短，数据回传的实时性和完整性可能受到限制。

3.6.3.2 各平台侦察载荷对机载 SAR 的适用性

1）星载侦察载荷

星载载荷的高轨道位置提供了广域覆盖能力，可实时监控弹载 SAR 的工作区域。然而，弹载 SAR 的高速机动性和信号短时特性对星载侦察载荷的响应速度和灵敏度提出了较高要求。

2）机载侦察载荷

机载载荷凭借机动性和近距离优势，能够快速响应弹载 SAR 的任务需求，适合捕捉高速移动目标的信号。然而，其覆盖范围有限且需与目标区域保持较近距离。

3）弹载侦察载荷

弹载侦察载荷通过导弹或无人机携带，可以实现同类平台对弹载 SAR 的近距离侦察。虽然一次性使用的特点限制了其经济性，但在战术任务中可发挥重要作用。

4）地基侦察载荷

地基侦察载荷通过高增益天线和分布式站点，能够对弹载 SAR 的信号进行高精度截获和测向。然而，弹载 SAR 的快速机动性可能导致地基侦察的实时性受到限制,需要结合多站协同技术。

3.6.4 对地基 SAR 的侦察技术可行性

地基 SAR 是一种部署在固定平台上的成像雷达,主要用于对重点区域的持续监控。

3.6.4.1 技术优势与挑战

对地基 SAR 实施侦察的技术优势体现在三个方面:一是高经济性与可靠性,地基侦察载荷的固定部署和低维护成本,使其成为执行长期侦察任务的优选;二是多站协同能力,分布式地基载荷可以通过站间协同,实现对广域目标的精确监控;三是高增益性能,地基载荷的天线设计允许实现高灵敏度和分辨率,适合捕捉地基 SAR 的持续信号。

3.6.4.2 各平台侦察载荷对地基 SAR 的适用性

1)星载侦察载荷

星载载荷对地基 SAR 侦察的可行性较高,尤其在对广域固定目标的监控中表现优异。然而,其轨道覆盖限制致使星载侦察的时效性和分辨率可能无法满足战术需求。

2)机载侦察载荷

机载载荷对地基 SAR 的侦察具有灵活性,能够快速响应任务需求,获取目标区域的详细信号信息。但机载平台的持续监控能力有限,适合执行短时侦察任务。

3)弹载侦察载荷

弹载侦察载荷对地基 SAR 的侦察适用于特定战术场景,特别是需要高精度测向或干扰的任务。然而,其使用成本较高,通常在高价值目标侦察中应用。

4)地基侦察载荷

地基载荷与地基 SAR 在部署方式上具有天然适应性,分布式多站协同技术可以实现对目标的高精度监控。其经济性和可靠性使其成为针对地基 SAR 侦察的首选方式。

3.6.5 小结

在现代电子侦察中,弹载 SAR 和地基 SAR 由于其技术难度和战术价值的局限性通常不被优先考虑为侦察目标。而基于对侦察平台与目标 SAR 的深入分析,地基与机载雷达侦察载荷被认为是针对机载和星载 SAR 实施侦察的最佳选择。

首先,弹载 SAR 的技术复杂性和有限战术价值限制了其侦察优先级。弹载 SAR 搭载于高速武器平台,短时工作且信号变化迅速,侦察系统难以实时捕获其跳频特性和高动态辐射特征。并且,弹载 SAR 的主要功能在于支持高精度打击,对战场态势的持续性影响较低。因此,其侦察成本与回报难以平衡。其次,地基 SAR 的固定性和局部覆盖范围降低了其侦察价值。地基 SAR 多为静态部署,工作频率和辐射模式相对稳定,容易通过其他侦察手段间接获知信息。同时,地基 SAR 的覆盖范围有限,其战术影响远不及机动性更强的目标 SAR,优先侦察价值不高。

地基雷达侦察载荷是对机载和星载 SAR 实施侦察的首选。其稳定性和长期工作能力使其在星载 SAR 轨道监视和信号分析中具备显著优势。通过高增益天线和多站协同,地基载荷能够精确捕获目标信号并进行有效处理。在针对机载 SAR 的侦察中,地基平台对区域内反复出现的雷达活动有较高探测能力,但对高动态环境的实时响应仍存局限。机载雷达侦察载荷则为地基平台提供补充。机载载荷具备快速响应和灵活部署能力,可在目标区域捕获机载 SAR 的跳频特性和星载 SAR 的覆盖交叉点信号。其动态适应性和实时处理能力特别适用于高动态环境和短时决策。然而,机载载荷的滞空时间和防空威胁限制了其持续性应用。

综上,星载与弹载侦察载荷因实时性和覆盖范围受限而居于辅助地位,机载与地基平台则通过稳定性与动态灵活性的结合形成最佳侦察策略。这种协同体系既能满足长期监视需求,又能快速响应复杂战场环境,显著提升侦察效能。

练习题

一、填空题

1. 合成孔径雷达(SAR)电子侦察的主要任务是_____、_____和_____。
2. 星载侦察载荷对星载 SAR 的侦察特点是_____和_____。
3. SAR 电子侦察信号处理的核心任务是_____和_____。

4. 合成孔径雷达电子侦察中侦察信号的幅度变化主要受到_____和_____的影响。

5. 按战术用途分类，雷达侦察分为_____、_____、_____、_____和_____。

二、单项选择题

1. 以下哪项是 SAR 电子侦察技术的核心目标？（   ）

A. 捕获并分析 SAR 目标的电磁辐射信号

B. 干扰 SAR 信号的正常工作

C. 提高 SAR 的分辨率能力

D. 使用 SAR 进行精确目标打击

2. 在 SAR 电子侦察中，机载侦察载荷的主要优势是（   ）

A. 长时间稳定监控　　　　B. 高机动性和灵活部署

C. 高灵敏度和隐蔽性　　　D. 高增益天线覆盖范围广

3. 下列哪个因素对 SAR 侦察的最大侦察距离影响最大？（   ）

A. 天线极化方向　　　　　B. 侦察接收机灵敏度

C. 信号调制方式　　　　　D. 信号时延特性

三、判断题

1. SAR 电子侦察信号的时延与侦察接收机的距离无关。

2. 地基雷达侦察载荷通常优于弹载载荷用于对星载 SAR 的侦察。

3. SAR 电子侦察过程中，天线极化对信号截获没有影响。

四、简答题

1. 简述 SAR 电子侦察的基本特点和核心挑战。

2. 结合星载、机载、弹载和地基平台，分析哪种侦察载荷最适合针对机载 SAR 进行电子侦察，并说明理由。

3. SAR 电子侦察方程的主要作用是什么？简述其核心参数及意义。

五、计算题

1. 已知条件：SAR 发射功率为 10kW；天线主瓣增益为 30dB；距离为 300km；信号波长为 0.03m；接收天线增益为 20dB；侦察接收机灵敏度为 −90dBm。

计算侦察接收机的信号功率和最大侦察距离（假设其他传输损耗为 0）。

2. 某星载 SAR 在低轨运行，轨道高度为 500km。地基侦察站的天线高度为 50m，试根据地球曲率计算直视距离，并讨论其对侦察的影响。

参考文献

[1] 刘章孟. 雷达侦察信号智能处理技术[M]. 北京:国防工业出版社,2023.

[2] 李宏. 合成孔径雷达对抗导论[M]. 北京:国防工业出版社,2010.

[3] 蔡幸福,高晶. 合成孔径雷达侦察与干扰技术[M]. 北京:国防工业出版社,2018.

[4] 夏兆宇,林玉洁,宋豪壮. 美军空间侦察发展现状与趋势分析[J]. 航空兵器,2024,31(5):25-33.

[5] 魏嵩. 天基雷达信号处理与特征分析[D]. 西安:西安电子科技大学,2020.

[6] 唐波. 合成孔径雷达的电子战研究[D]. 北京:中国科学院研究生院(电子学研究所),2005.

[7] 张锡祥,肖开奇,顾杰. 新体制雷达对抗论[M]. 北京:北京理工大学出版社,2020.

[8] 杨帆. 超小型雷达侦察终端及其信号处理技术[D]. 西安:西安电子科技大学,2011.

[9] 薛喜平,苏彦,李海英,等. 合成孔径雷达在深空探测任务中的应用与发展趋势[J]. 天文学进展,2024,42(2):240-256.

[10] 乔冠禹,代大海,纪朋徽. 星载合成孔径雷达电子侦察技术研究[J]. 现代雷达,2022(8):31-42.

[11] 马友科. 雷达侦察接收机技术研究及信号处理板设计[D]. 西安:西安电子科技大学,2009.

[12] 刘康,何明浩,韩俊,等. 基于多传感器的雷达对抗侦察数据融合算法[J]. 系统工程与电子技术,2023,45(1):101-107.

[13] 刘业民,李永祯,黄大通,等. 基于侦察干扰一体化的双干扰机系统对抗 SAR-GMTI 方法研究[J]. 系统工程与电子技术,2023,45(10):3098-3107.

[14] 刘洪蕊,王结良,吴剑锋,等. 俄乌冲突侦察监视与伪装对抗应用分析[J]. 激光与红外,2024,54(4):620-625.

[15] 李亚超,王家东,张廷豪,等. 弹载雷达成像技术发展现状与趋势[J]. 雷达学报,2022,11(6):943-973.

[16] 马彦恒,侯建强. 机动合成孔径雷达成像研究现状与发展趋势[J]. 四川兵工学报,2019,40(11):111-115.

第4章 合成孔径雷达电子干扰技术

在军事领域,SAR 已成为战场侦察和信息获取的关键工具[1-7]。鉴于它在信息化战争中的作用越来越大,研究对 SAR 的干扰技术成为电子战领域的一个重要方向。SAR 系统是一个由干扰平台、干扰设备及信号产生与发射三个主要子系统构成的复杂系统,它的主要功能是对地面目标成像,涉及相干雷达、信号处理和目标识别等多个技术领域[2,7]。SAR 系统性能的不断提高和信号处理手段的不断完善,对 SAR 的干扰技术提出了全新的挑战。不同于传统雷达干扰(以破坏目标探测、位置估计及运动参数测量为主),对 SAR 的干扰更多集中于削弱或破坏 SAR 生成的高质量图像,以阻止敌方从中获取有价值的信息。干扰的核心目标是通过降低 SAR 图像的清晰度和真实性,使图像无法用于目标检测、识别和战术决策。

本章针对 SAR 系统的电子干扰问题,重点论述对 SAR 系统的干扰原理、干扰分类、干扰图像特征和几种重要的干扰技术等内容。

第1节 概述

4.1.1 电子干扰的定义与意义

电子干扰(electronic jamming)是电子对抗(electronic warfare,EW)的关键技术手段,通过对敌方雷达、通信和导航系统等电子设备施加干扰信号或技术手段,降低或破坏其正常功能,从而实现对战场环境的掌控和对己方力量的保护。干扰方式包括噪声干扰、欺骗干扰、干扰–遮断结合等,其核心目标是削弱敌方电子设备的探测、定位和通信能力。

针对SAR的电子干扰,是电子战领域的重要组成部分,其主要目标是通过干扰信号影响SAR的成像过程和数据传输,削弱敌方的情报搜集能力[6]。SAR干扰的关键在于针对其独特的成像原理和高分辨率特性,通过精准、实时的干扰技术对其成像算法施加影响,最终破坏敌方的战场态势感知。

电子干扰在现代战场环境中意义重大,具体体现在四个方面:一是压制敌方侦察能力,通过对敌方SAR的干扰,可以使敌方无法获取有效图像,从而压制其高分辨侦察能力,保护己方重要目标;二是增强战场生存能力,电子干扰技术能够干扰导弹制导系统的雷达信号,使己方武器平台的生存概率显著提高;三是支持战术和战略欺骗,干扰信号可以伪造虚假目标或地形特征,误导敌方情报分析,从而为己方战术行动创造有利条件;四是打击敌方信息化作战能力,干扰可以破坏SAR数据链路,切断敌方信息回传通道,削弱其指挥决策能力。

在SAR领域,电子干扰的意义尤为突出。SAR广泛应用于地面目标监视、高分辨率成像及战术情报获取,其核心技术和数据链路的受损会显著削弱敌方的情报能力,从而改变战场态势。

4.1.2 合成孔径雷达电子干扰的特点

SAR是一种主动式雷达系统,通过天线与目标间的相对运动,在信号处理环节实现等效大口径天线,从而获得高分辨率成像[1]。其独特的成像原理和工作模式,使针对SAR的电子干扰展现出与传统雷达干扰不同的显著特点。

4.1.2.1 成像依赖性强

SAR的高分辨率成像依赖复杂的信号处理流程,包括脉冲压缩、相位补偿、距离多普勒成像算法和二维逆傅里叶变换等。这些环节协同的作用使SAR能够对目标区域进行精确成像。电子干扰针对的主要目标是SAR信号处理链中的关键节点,通过干扰回波信号或干扰接收机的参数估计过程,导致成像算法无法正常运行。具体表现为生成的图像模糊、失真或完全丧失对目标的分辨能力。

此外,SAR的成像特性使其对误差积累较为敏感。例如,若干扰信号破坏了SAR的相位信息,系统将无法完成相位匹配,从而导致严重的成像失效。这种强依赖性决定了干扰实施需要对SAR工作原理有深入理解,并精准定位干扰环节。

4.1.2.2 干扰窗口窄

SAR 成像的核心在于严格的时间和频率匹配要求。其回波信号的接收与发射之间具有固定的延迟,并且该延迟在时域和频域内高度一致。这一特点要求干扰信号必须在极短的时间窗口内施加,并且需要具备高度的同步性与精度,才能对 SAR 的成像产生有效影响。

具体而言,SAR 在飞行路径上的连续成像需要多次脉冲的累加与相干处理,干扰信号如果未能精确覆盖整个成像周期,可能只会对部分回波产生作用,而无法完全干扰目标图像。这种高时效性要求使针对 SAR 的干扰不同于常规雷达干扰,需要更快的响应速度和更精准的信号生成技术。

4.1.2.3 频率宽、跳频特性强

SAR 通常工作在宽频带和多频段模式,为了获得高分辨率,其发射信号通常覆盖较宽的频率范围。部分先进 SAR 系统还采用跳频技术或伪随机调制来增加抗干扰能力。这种特性对干扰系统提出了三条要求。

一是宽频带覆盖能力。干扰系统需要能够在宽频范围内产生高功率干扰信号,覆盖目标 SAR 的工作频段,以确保干扰的有效性。二是快速频率调整。对于采用跳频技术的 SAR 系统,干扰信号必须能够以同样的频率变化速度动态调整,以追踪目标频率,保持干扰效果的连续性。三是高频率分辨能力。SAR 频带宽且信号结构复杂,干扰系统必须具备极高的频率分辨率和匹配能力,才能捕获目标 SAR 的工作频率特性。

因此,针对 SAR 的电子干扰不仅是对频段覆盖能力的考验,更是对干扰系统实时适应能力的挑战。

4.1.2.4 干扰目标多样

SAR 的多平台应用场景决定了其干扰目标的多样性,包括星载 SAR、机载 SAR、弹载 SAR 和地基 SAR。不同平台的 SAR 在工作环境、技术参数和应用目标上差异显著,针对其的干扰策略也需灵活调整。

星载 SAR 因其轨道高度和覆盖范围广,适合对战略目标进行监视。针对星载 SAR 的干扰需要更高的功率输出以及精确的轨道预测能力,以确保干扰信号能够覆盖星载 SAR 的观测区域。机载 SAR 因其高度机动性和战术灵活性,通常用于战场侦察和目标跟踪。其频率较高且工作模式多样,干扰系统需要快速响

应和高效处理能力,以适应机载 SAR 快速变化的成像需求。弹载 SAR 用于高动态环境下的短时精确成像,其信号特性变化快且操作时间短。干扰系统需具备极快的响应速度和短时高功率干扰能力。地基 SAR 通常用于固定目标的高分辨率成像,具有较高的抗干扰能力。针对其干扰需要结合定向天线和多平台协同策略,提高信号投射精度。

这种多样性增加了针对 SAR 干扰任务的复杂性,需要干扰系统在广泛适应性和任务定制化之间找到平衡点。

4.1.2.5 干扰与反干扰技术对抗

现代 SAR 系统不断采用先进的抗干扰技术,如自适应滤波、跳频与伪随机调制、多通道处理与冗余设计。自适应滤波是通过实时调整接收参数,抑制噪声和非目标信号的干扰效果。跳频与伪随机调制通过增强信号的不可预测性,使传统干扰手段难以追踪目标频率。多通道处理与冗余设计通过多波束接收和信号冗余,提高信号恢复能力,即使在干扰条件下也能生成可用图像。

为了应对这些反制技术,针对 SAR 的干扰也在不断升级,包括引入人工智能技术进行动态干扰策略调整、利用多平台协同实施复杂干扰等。例如,智能干扰通过学习 SAR 的工作特性,生成高度匹配的干扰信号;多平台协同则通过多个干扰源分工协作,在空间和时间上同时施加干扰信号,突破单一平台干扰的局限。

第 2 节 干扰系统组成

干扰系统是实现电子对抗任务的核心,其组成直接决定了对 SAR 干扰的技术效能与战术适用性。针对 SAR 的电子干扰系统,由于 SAR 具有高分辨率、复杂信号处理链路和多平台部署的特性,干扰系统需要具有精确的功能划分、高效的信号处理能力以及广泛的适应性。根据其功能与构成,干扰系统可划分为干扰平台、干扰设备以及信号产生与发射三个关键模块[2,4-8]。平台的选择决定了作战范围和灵活性,设备的性能影响干扰信号的效果,而信号产生与发射技术是决定干扰效率的关键。本节从干扰平台、干扰设备及信号产生与发射三个方面进行深入阐述。

4.2.1 干扰平台

干扰平台是电子干扰系统的核心物理载体和部署基础,其性能直接影响干扰系统的战术适应性、覆盖范围及响应速度。作为 SAR 电子干扰技术的重要组成部分,干扰平台的选型与设计需要综合考量目标 SAR 的类别(星载、机载、弹载、地基)、任务需求以及干扰环境等多方面因素。

根据干扰平台的部署方式及功能特点,可分为星载平台、机载平台、弹载平台和地基平台四大类型。这些平台在性能、应用场景及适应性上各有优势和不足,形成多层次、多方位的干扰体系,为有效对抗目标 SAR 提供了多样化的技术路径。

4.2.1.1 星载干扰平台

1)基本构成与功能特点

星载干扰平台依托轨道卫星作为物理载体,搭载干扰载荷,通过高覆盖性和长续航的特点对目标 SAR 实施持续干扰[2]。其核心构成为卫星平台。卫星平台提供动力、能源和姿态控制系统,确保干扰系统能够精准对准目标区域并长时间稳定运行。

低轨道卫星(LEO)运行高度为 500~2000km,轨道周期较短,可在短时间内覆盖多个目标区域,适合动态任务需求,如针对机动目标的多点干扰。中轨道卫星(MEO)运行高度为 2000~35000km,轨道周期适中,覆盖范围广泛,适用于需要更长监控时间的干扰任务。地球静止轨道卫星(GEO)运行高度为 36000km,轨道相对于地球静止,能够对固定区域进行持续干扰。适合战略性长期任务,例如对敌方重要设施或固定目标的压制。

特点一:全球覆盖能力。借助卫星轨道运行特性,星载干扰平台能够覆盖全球范围目标,尤其是机载和地基平台难以触及的偏远地区,例如海洋、极地和山区等。

特点二:长续航性。卫星平台通常具有多年寿命(可达 10 年以上),在轨运行期间能提供持续的能量支持和姿态稳定性,因此非常适合长时间监控和干扰任务。

特点三:隐蔽性强。高轨道运行使平台难以被敌方雷达探测和识别。即使在拥有反卫星技术的对抗环境中,由于其分布性和轨道复杂性,敌方也难以全面摧毁。

2）应用场景与优势

星载干扰平台的应用主要集中在战略任务中，如对敌方重要地面设施的持续压制、干扰通信卫星以及对星载SAR的反制[5]。

优势：一是广域覆盖，星载干扰平台具有其他平台难以匹敌的全球范围覆盖能力，特别适用于偏远地区的目标；二是持续任务能力，星载平台具备数月甚至数年的持续任务执行能力；三是隐蔽性强，平台处于高轨位置，难以被敌方侦测和拦截。

其局限性在于部署成本高昂、实时性不足和能量约束。包括卫星制造、发射以及维护在内的成本极高，限制了其大规模部署。受限于轨道周期，难以对动态目标实施即时干扰。星载干扰平台的能量来源主要为太阳能电池板，可能受空间环境变化（如光照条件）影响。

3）典型案例

星载干扰平台装载干扰设备后，可应用于以下案例。

案例一：对星载SAR的反制。星载SAR通过高分辨率成像对地面进行侦察和监视，对其实施干扰可以降低敌方空间态势感知能力。星载干扰平台通过调整轨道和姿态，在敌方SAR观测时段内对其目标区域实施电子干扰，从而破坏其回波信号。

案例二：战略设施压制。在复杂军事环境中，敌方关键设施（如地面雷达、导弹基地、通信节点）可能位于深远区域或地形复杂地带。星载平台通过长期稳定的覆盖，对这些设施进行持续干扰，削弱敌方战斗力。

案例三：通信与导航系统干扰。通信卫星和导航系统是现代战争中的重要支撑力量。星载平台能够在特定区域对敌方卫星链路进行干扰，从而破坏其通信网络或导航精度，为己方创造战术优势。

为了增强星载干扰平台的适应性，可结合卫星星座技术，通过多颗卫星协同工作，形成覆盖全球的干扰网络，进一步提升实时响应能力和干扰效能。

4.2.1.2 机载干扰平台

机载干扰平台具有高度灵活性和快速部署能力，可对动态目标实施实时干扰，是现代电子战体系中不可或缺的关键组成部分[1]。作为航空器挂载的干扰平台，其不仅能够高效应对突发任务，还能够在复杂战场环境下灵活执行多种任务。

1）基本构成与功能特点

机载干扰平台以各种航空器为载体，结合先进的电子干扰技术和高机动能力,为战场上的动态目标提供精准压制。常见的机载干扰平台类型包括专用电子战飞机、多用途战斗机、无人机和大型运输机挂载干扰系统等。专用电子战飞机如 EA-18G"咆哮者"电子战机,专门设计用于电子战任务。多用途战斗机如挂载干扰吊舱的 F-16 战斗机,兼具空战和干扰能力。无人机如配备干扰设备的"全球鹰"或"捕食者"无人机,具备长航时和高隐蔽性。运输机挂载干扰系统如 C-130 运输机改装的电子战版本,可搭载强大的干扰设备,支持大范围任务。

特点一:高机动性。机载干扰平台能够迅速部署至目标区域,适应动态战场需求。例如,通过高速度和灵活航线调整,迅速抵达敌方阵地实施干扰,或根据战场态势快速转移到关键区域。

特点二:多任务能力。除干扰功能外,机载平台通常具备多功能作战能力。例如,可同时执行电子侦察、通信压制、战场监视和预警等任务,为联合作战提供多维支持。

特点三:实时响应能力。机载干扰平台可根据敌方活动实时调整干扰策略和任务方案,尤其在应对高动态目标(如移动指挥车、雷达站或导弹发射装置)时表现突出。

在实际应用中,机载干扰平台可根据战场环境选择适宜的高度、航速和飞行路线,以实现对目标的最优干扰效果。例如,高空飞行可扩大干扰范围,低空飞行则有利于突破敌方雷达防御。

2) 应用场景与优势

机载干扰平台适用于战术环境中的快速反应任务,如对敌方机动目标的动态干扰和为地面部队提供电子掩护。其快速部署和灵活作战能力使其成为高动态战场的重要支援手段。然而,机载平台滞空时间有限,受制于燃料和敌方防空火力威胁。

优势:一是快速部署,机载干扰平台能够在短时间内抵达任务区域,无须复杂的部署准备,是应对突发战场需求的首选手段;二是灵活作战能力,平台可以根据战场环境调整飞行高度、路线和干扰参数,适应多种复杂战场场景;三是多功能性,机载干扰平台通常具备多任务能力,能够集侦察、干扰、通信压制和目标引导于一体,提升作战效能。

其局限性在于滞空时间有限和易受防空火力威胁。航空器的燃料和航程限制了机载干扰平台的持续作战能力,可能需要多架次轮换执行任务。在敌方高强度防空火力范围内,机载平台面临较大生存压力,可能需要额外的空中掩护。

3)典型案例

机载干扰平台装载干扰设备后,主要用于战术任务。

案例一:对敌方机动目标的干扰。在敌方部队进行战术机动时,机载干扰平台可实时压制其雷达、通信和导航系统,使敌方指挥链混乱,降低其战术执行效率。例如,在敌方装甲部队移动或防空导弹系统展开时,机载平台通过对其雷达进行强干扰,削弱其战场感知能力。

案例二:电子掩护。机载干扰平台能够为地面部队或其他空中作战平台提供电子掩护。例如,在己方战斗机突入敌方防空区时,机载干扰平台通过压制敌方雷达探测能力,降低友方目标的暴露风险。

案例三:战场控制与压制。在高强度对抗中,机载平台可以对特定区域进行电子封锁,切断敌方的通信链路和导航信号,迫使敌方部队陷入孤立无援状态。

案例四:部分机载平台具备电子侦察能力。可在干扰任务的同时收集敌方信号情报,实时分析敌方雷达或通信网络的参数,为后续干扰和打击行动提供精确情报支持。

4.2.1.3 弹载干扰平台

弹载干扰平台是电子干扰系统中短时间内实现高效压制的重要组成部分,主要通过搭载于高速飞行武器(如导弹、高速无人机或巡航弹药)上实现对目标的精准干扰。其高速度、高隐蔽性和灵活机动性,使其成为战术打击支援和关键目标压制的理想工具。

1)基本构成与功能特点

弹载干扰平台搭载在高速飞行武器(如导弹和高速无人机)上,通过强电磁干扰实现短时间内对目标的压制。

特点一:短时高效。弹载干扰平台通过导弹的高速飞行特点,在目标区域停留的时间虽然有限,但其近距离干扰效果极强。能够在几秒至数分钟内对目标雷达或通信系统实施压制,破坏敌方关键节点的功能。

特点二:隐蔽性强。高速飞行和紧凑设计使弹载干扰平台难以被敌方探测和拦截。例如,巡航导弹可贴地飞行规避雷达探测,而高超声速导弹的飞行速度使其反应时间极短,从而进一步提高隐蔽性。

特点三:灵活机动性。依托导弹的强机动性,弹载干扰平台能够突破复杂的防空体系,直接接近目标区域。在突防过程中,能够调整飞行轨迹和干扰模式,确保干扰效果达到最优。

2) 应用场景与优势

弹载干扰平台常用于战术打击支援和临时压制任务,例如,在导弹突防过程中干扰敌方雷达,掩护己方攻击行动。其劣势在于一次性使用的限制,以及覆盖范围的不足。

优势:一是高效干扰能力,弹载干扰平台能够在极短时间内对目标实施强力干扰,显著削弱敌方雷达和通信系统的有效性。其干扰效果强烈且具有针对性,是摧毁敌方防御体系的有效工具。二是灵活突防能力,依托高速飞行武器的性能,弹载干扰平台可突破敌方复杂的防空体系。例如,高超声速导弹的极高速度和灵活机动性能使其能快速接近目标区域并实施干扰。三是隐蔽性突出,弹载干扰平台的隐蔽性来源于其飞行速度、低雷达截面设计和灵活的飞行轨迹。其干扰任务往往在敌方做出反应之前已经完成,进一步增强其威胁性。

其局限性在于一次性使用和覆盖范围有限。导弹和干扰载荷均为不可回收资源。仅能针对特定目标,难以形成大范围的持续干扰。

3) 典型案例

弹载干扰平台装载干扰设备后常用于以下案例。

案例一:导弹突防。在现代战争中,敌方防空体系通常依赖雷达和通信网络对导弹进行探测和拦截。弹载干扰平台通过对防空雷达的压制和干扰,为导弹突破敌方防御提供支持,显著提高导弹的命中率。

案例二:临时压制任务。弹载干扰平台能够在关键时间节点对敌方雷达或通信系统实施短时间的电子压制。通过临时压制敌方的监视和指挥功能,为己方作战平台争取宝贵的反应时间。

案例三:在大规模战术打击中,弹载干扰平台通过协同作战,与其他攻击武器(如主攻导弹、空中力量等)联合行动,分担防空系统的探测压力,提高作战任务的整体成功率。

案例四:弹载干扰平台还可用于对特定关键设施的干扰任务,例如在敌方通信枢纽、预警雷达或导航基站等目标上方实施短时间电磁屏蔽。

4.2.1.4 地基干扰平台

地基干扰平台是电子干扰系统的重要组成部分,通常部署在固定位置或移动载体上,能够依托强大的能源支持和高功率输出,对目标 SAR 实施持续性干扰。地基干扰平台凭借其强大的覆盖能力和长期作业特点,在战略任务中发挥着不可替代的作用。

1) 基本构成与功能特点

地基干扰平台通过固定设施或机动载体,对目标 SAR 实施长时间、高功率的电子干扰。

特点一:高功率输出。地基干扰平台依托充足的能源供应,可输出极高功率的电磁干扰信号,适合对远距离目标实施干扰。相比其他平台,地基平台能够在较短时间内形成强大的电磁压制效果。

特点二:持续作业能力。地基平台因其能源和环境条件稳定,能够执行长时间任务,尤其适合对战略区域目标的持续压制。例如,对敌方星载 SAR 实施干扰,削弱其空间侦察能力。

特点三:多站协同能力。地基干扰平台通过网络化部署,能够与其他地基站点以及机载、星载等干扰平台协同作战。在复杂任务中,多个地基平台可分布式运行,对目标实施立体化、多方向的干扰。

2) 应用场景与优势

地基平台特别适用于战略区域的长时间控制,如对星载 SAR 的持续压制,以及对固定目标的监视与干扰。其不足在于机动性较差,无法满足动态战场需求。

优势:一是强覆盖能力,地基干扰平台因其高功率和高增益天线的特点,能够覆盖远距离目标,特别适合对星载 SAR 的干扰任务。相较于其他平台,其信号强度和稳定性更具优势。二是长时间任务支持,地基平台依托稳定的能源供应和可靠的硬件设施,适合执行长时间的战略性干扰任务。例如,在对敌方雷达系统进行持续压制时,地基平台可以在多日甚至数月内保持高效运作。三是多站协同作战,通过与其他地基站点和移动干扰平台协同,能够在战场上形成大范围的电子干扰网络,有效提高干扰效果。

其局限性在于机动性较差、易受攻击。地基干扰平台的部署地点通常固定,一旦敌方调整其作战部署或目标位置,地基平台的响应能力受限。固定设施易成为敌方攻击的目标,特别是在具有精确打击能力的敌方火力面前,地基平台的生存能力相对较低。

3) 典型案例

案例一:对星载 SAR 的持续压制。在某场区域冲突中,敌方利用星载 SAR 对我方部署区域进行高频次侦察。我方部署多处地基干扰平台,通过计算敌方 SAR 的轨道参数和过境时间,在关键时段发射高功率干扰信号,成功干扰其成像能力。该行动显著降低了敌方的情报获取效率,为我方战略部署提供了掩护。

案例二:固定目标干扰。某敌方雷达站对我方前沿部队的活动构成严重威胁。我方利用地基干扰平台对该雷达站实施持续电子压制,导致其监视能力严重下降。同时,协同其他作战平台对雷达站进行打击,成功摧毁其核心设备。

案例三:战术区域电子封锁。在联合行动中,我方在目标区域部署多台地基干扰平台,切断了敌方指挥中心与前线部队的通信链路。同时,地基平台对敌方导航系统实施干扰,使其作战行动陷入混乱,为我方部队的快速推进提供了条件。

4.2.2 干扰设备

干扰设备是电子干扰系统的核心组成部分,直接负责干扰信号的生成、放大和发射。其性能的优劣直接决定了干扰系统的整体效能和任务成功率[8-16]。在 SAR 对抗技术中,干扰设备的设计和优化需要充分考虑目标 SAR 的技术特性以及战场环境的复杂性。

干扰设备通常包括三个关键组成部分:信号发生器、功率放大器和高增益天线。信号发生器负责生成干扰信号,包括宽带噪声、伪造信号和跳频信号等。功率放大器将信号放大至所需功率,确保能够覆盖目标范围并产生有效干扰。高增益天线通过聚焦电磁能量,提高干扰信号的方向性和覆盖范围。

每种设备在系统中都有独特且不可替代的作用,其功能实现和技术水平直接影响整个干扰系统的性能。

4.2.2.1 信号发生器

信号发生器是干扰设备的核心单元,负责生成满足目标 SAR 特性的干扰信号。其生成的信号类型包括宽带噪声、伪造信号和跳频信号等。现代信号发生器通过数字技术与高性能硬件的结合,能够实现信号的快速生成、精准调控与实时调整。

1) 宽带噪声

宽带噪声干扰的原理是通过发射覆盖目标 SAR 工作频段的随机噪声信号,使目标 SAR 接收到的背景噪声强度显著增加,从而降低其信号的信噪比(SNR)。

其作用有两点:一是降低 SAR 的成像精度,宽带噪声提高背景噪声的同时,削弱了目标回波信号的相对强度,使目标的信号特征难以被提取;二是中断 SAR

数据链路,对于通信型 SAR 系统,宽带噪声可能使其数据链路质量下降,甚至完全中断。

技术特点体现在覆盖范围广和随机性强。宽带噪声信号需要覆盖目标 SAR 的全部工作频段。信号的频率和功率随机分布,使目标 SAR 难以识别或规避干扰。

2) 伪造信号

伪造信号干扰的原理是通过模拟目标 SAR 的回波特性,向其发送虚假信号,从而干扰其距离测量、速度估计和图像处理能力。

其作用有两点:一是错误信息引导,伪造信号可以模拟伪目标或错误地形特征,迷惑目标 SAR 的成像和决策过程;二是干扰成像过程,SAR 系统需要通过回波信号的相位信息生成图像,而伪造信号可以通过干扰相位信息严重破坏图像质量。

技术特点体现在高度匹配性和强灵活性上。伪造信号需要精确模拟目标 SAR 的发射信号特性,包括频率、相位和幅度。伪造信号的特性可根据任务需求生成多种干扰模式,例如伪目标生成或干扰图像分辨率。

3) 跳频信号

跳频信号干扰的原理是通过跟踪目标 SAR 的频率变化,动态调整干扰信号的频率,使目标 SAR 难以避开干扰。

其作用有两点:一是动态覆盖,跳频信号能够快速适应目标 SAR 的频率变化,提高干扰的有效性;二是增强压制能力,对多频段或频率不固定的目标 SAR,跳频信号可在广范围内形成有效干扰。

技术特点体现在频率追踪能力和信号生成速度快。现代跳频干扰信号发生器能够实时捕捉目标 SAR 的频率变化,保持频率同步。跳频干扰要求信号发生器具有快速频率切换和调整能力。

4) 现代信号发生器的技术发展

现代信号发生器采用高性能硬件和数字技术,能够精准控制干扰信号的幅度、频率和相位特性。以下为其关键技术特点。

(1) 数字化设计:数字信号处理(DSP)技术使信号生成更加灵活,并能根据任务需求实时调整参数。

(2) 高稳定性:现代信号发生器具有更高的频率稳定性,能够适应复杂电磁环境。

(3) 多信号模式支持:同时支持宽带噪声、伪造信号、跳频信号等多种模式的快速切换,适应多样化任务需求。

4.2.2.2 功率放大器

功率放大器是电子干扰设备的重要组成部分,负责将信号发生器生成的干扰信号放大至目标功率水平,使其能够有效覆盖目标区域并达到干扰效果。作为干扰系统的关键部件之一,功率放大器的性能直接影响干扰信号的覆盖范围、干扰强度及能量利用效率。

在针对 SAR 的电子干扰中,功率放大器的设计需要满足复杂战场环境和多变电磁环境的要求,其核心设计目标包括宽频放大能力、高效率能量转换和抗干扰能力。这些性能要求确保功率放大器能够在高效输出干扰信号的同时,具备可靠性和适应性。

1) 宽频放大能力

功率放大器需要支持宽频信号的高效放大,以适应目标 SAR 的多频段工作特性。SAR 系统通常在宽频范围内工作,其干扰需要覆盖整个频谱区域,这对功率放大器提出了宽带频率响应的要求。对于宽带噪声干扰和跳频信号干扰,宽频放大能力尤为重要。

宽带噪声干扰:宽带噪声信号需要覆盖 SAR 的全部工作频段,功率放大器需具有高带宽和低失真的宽频放大能力。

跳频信号干扰:跳频信号干扰需要快速调整频率,功率放大器必须在不同频段间保持一致的增益特性,以实现信号的快速转换和连续覆盖。

宽频放大能力的实现需要优化放大器的电路设计,包括使用宽带匹配网络、改进增益平坦性和降低高频噪声。这一能力对于现代干扰系统的多频段、多模式任务尤为关键。

2) 高效率能量转换

在高功率输出下,功率放大器容易产生热耗散问题。为提高能量利用效率,功率放大器需采用高效率的能量转换技术,确保其在大功率信号输出的同时能够降低能量损耗和热负荷。

能量效率优化:现代功率放大器广泛应用高效率转换技术,如 D 类放大器、E 类放大器及动态偏置技术。这些技术能够在高输出功率下维持较高的效率,减少散热需求。

热管理设计:为进一步减少热耗散,功率放大器需要配备高效散热系统,如热管、液冷或先进导热材料,以保障设备在高功率输出下的长期稳定性。

材料技术应用:氮化镓(GaN)和砷化镓(GaAs)等宽带隙半导体材料由于具有高击穿电压和高导热性能,已成为高效率功率放大器的首选材料。

3)抗干扰能力

功率放大器在复杂电磁环境中需要具备强抗干扰能力,以保证干扰信号输出的纯净性和稳定性。

抗信号失真:在大功率条件下,信号的非线性失真可能降低干扰信号的有效性。现代功率放大器通过前馈技术、预失真技术和反馈技术等手段,显著减少信号失真,提高输出信号质量。

抗电磁环境干扰:战场上的电磁环境复杂多变,功率放大器需要具备抗电磁干扰能力,以防止外界信号对放大器工作状态的影响。屏蔽设计和抗干扰电路的优化是提升设备抗干扰能力的重要措施。

宽动态范围适应性:功率放大器需要在输入信号动态范围较大的情况下保持输出信号稳定,避免过载或信号失真。

4.2.2.3 高增益天线

高增益天线通过聚焦电磁能量,提高干扰信号的方向性和覆盖范围,是干扰设备中的重要组成部分。其性能直接决定了干扰信号的作用距离和覆盖精度。

常用天线技术包括相控阵天线和抛物面天线。

相控阵天线通过调节天线阵列中各单元的相位,实现波束的动态控制。其具有以下特点:一是动态波束控制,能够快速调整波束方向,适应目标的运动特性;二是多目标干扰,支持同时对多个目标区域进行干扰;三是高指向性,天线增益高,干扰信号覆盖范围广。

抛物面天线通过反射面聚焦信号,实现远距离高功率覆盖。其具有以下特点:一是远距离覆盖,适合对星载 SAR 等高轨目标进行干扰;二是高增益,具备极高的方向性,能够集中能量于特定方向。

4.2.3 信号产生与发射

信号产生与发射是电子干扰系统的核心技术环节,其设计与实现直接关系到干扰系统的效果、覆盖范围及实时性。在 SAR 干扰技术中,信号产生与发射的精确设计至关重要,干扰信号的特性必须根据目标 SAR 的工作模式、频率特性、信号特征及任务需求来调整。只有确保干扰信号有效干扰 SAR 的正常工作,才能实现对目标 SAR 系统的压制或欺骗。

本部分将从信号生成原理、调制技术、功率放大技术及发射系统架构等方面详细阐述信号产生与发射技术的理论基础与工程实现。

4.2.3.1 信号生成原理

信号生成是干扰信号产生的第一步,其目标是合成特定频率、幅度、相位和波形特性的信号,以满足干扰任务的要求。信号的精确生成不仅关系到干扰效果的强弱,也决定了系统的灵活性与抗干扰能力。

1)基础信号生成

信号生成的核心组件之一是振荡器,常见的类型有晶体振荡器(crystal oscillator,XO)、压控振荡器(voltage-controlled oscillator,VCO)和锁相环振荡器(phase-locked loop oscillator,PLL)。这些振荡器各有其特点,在不同的干扰任务中发挥重要作用。

晶体振荡器利用晶体的压电效应实现频率的稳定输出,其频率稳定性通常在 $10^{-9} \sim 10^{-6}$ 量级,因此适用于需要高精度频率基准的场合。晶体振荡器的主要优势在于其频率稳定性和抗温漂性能,但其频率调节能力较弱,因而不适用于需要动态频率调整的场合。

压控振荡器通过调节电压来改变振荡频率,具有较高的灵活性,适用于需要频率可调的场景。在干扰应用中,VCO 常用于生成频率可变的连续波信号,为后续调制和复杂波形的生成提供基础。VCO 在频率响应方面的快速调节能力使其成为动态频率合成的关键组件。

锁相环振荡器通过反馈回路将输出信号锁定到参考信号的频率,能够实现频率倍频、频率细调以及频率合成等多种功能。PLL 具有极高的频率稳定性,是现代干扰信号生成系统的核心组件之一,尤其适用于高精度频率合成与频率同步需求。

2)波形合成

干扰信号通常需要具备特定的时频分布特性,以确保有效干扰目标系统。通过数字波形合成技术,可以精确地生成各种复杂信号,如线性调频(LFM)信号、相位编码信号、伪随机噪声(PN)信号等。常见数字波形合成技术包括直接数字合成(DDS)技术和数字脉冲信号生成技术。

直接数字合成是一种高精度、高灵活性的波形合成方法,它利用查找表和高速数模转换器(DAC)来生成高质量的信号。DDS 可以在较宽的频率范围内实现快速频率跳变,适用于多信号组合、频率跳变干扰等复杂的干扰任务。

数字脉冲信号生成通过高速数字信号处理（DSP）技术，可以利用可编程逻辑器件（如 FPGA）生成不同调制格式、重复率的脉冲信号，精确模拟 SAR 信号特性，从而优化干扰效果。数字信号处理技术的应用可以大幅提高脉冲信号的精确度和灵活性。

4.2.3.2 信号调制技术

调制技术决定了干扰信号的频谱特性和信息含量，是干扰信号设计的核心内容之一。根据信号的目标特性和干扰需求，调制技术的选择直接影响到干扰信号的效果。常见的调制方式包括幅度调制（AM）、频率调制（FM）、相位调制（PM）及其组合形式。

1）幅度调制

幅度调制通过控制载波信号的幅值变化来传递信息，是一种常见的调制方式。其优点在于简单、实现容易，信号功率利用率高，因此在模拟 SAR 的线性回波或高功率信号干扰中有广泛应用。然而，幅度调制信号的抗干扰能力较弱，容易受到噪声和非线性失真的影响，因此在对抗复杂的 SAR 系统时，其效果有限。

2）频率调制

频率调制通过改变载波频率来传递信息。频率调制信号的特点是频谱展宽，具有较强的抗干扰能力，因此在干扰 SAR 的调频脉冲信号（如线性调频信号）时，能够生成与目标 SAR 信号相似的频率调制信号，从而有效欺骗或压制目标系统。频率调制广泛应用于对抗 SAR 中的频率合成与时频特性调制。

3）相位调制

相位调制通过控制载波信号的相位来传递信息，能够生成复杂的脉冲序列或编码信号。相位调制信号在干扰高分辨率 SAR（尤其是双基地或多基地 SAR）时具有显著效果，可有效破坏其成像质量，干扰其相位编码系统。相位调制在 SAR 干扰中的应用尤其重要，因为其能显著影响成像处理和目标识别。

4）复杂调制方式

多种调制方式的组合可以形成更复杂的干扰信号。例如，将脉内调制与脉间调制结合，通过脉内的线性调制增强信号的抗干扰能力，同时在脉间加入伪随机编码，增加信号的复杂性。这种复合调制方式不仅提高了干扰信号的多样性，还增强了其对目标 SAR 的压制效果。

4.2.3.3 信号功率放大技术

在电子干扰系统中,干扰信号的有效性与功率的大小密切相关。只有保证信号功率足够大,才能在目标区域内实现有效的信号辐射,进而压制或欺骗目标系统。对于高效的干扰信号生成与发射,功率放大技术起到了至关重要的作用。尤其是在复杂的干扰任务中,干扰信号不仅需要具备高功率输出,还需要精确的功率控制与放大效率。

1) 功率放大器(PA)分类

功率放大器是信号发射系统的核心组件之一,其性能直接影响干扰信号的有效性和质量。根据信号的调制方式和功率要求,功率放大器的种类可以分为以下几类。

(1) 线性功率放大器。用于放大幅度调制或复杂波形信号。其主要特点是高线性度,可以在放大过程中保持信号的原始波形,从而确保信号质量的优良。因此,线性功率放大器非常适合用于对信号质量要求较高的任务,例如长时间的连续干扰或模拟复杂波形的干扰。然而,线性功率放大器的效率相对较低,因其在工作过程中需要较大比例的功率用于线性放大。这类功率放大器通常需要更好的散热设计,以避免因过热导致性能下降。

在线性功率放大器的设计中,常见的技术挑战包括如何减小非线性失真和如何提高工作效率。一些高效的线性放大技术,如前馈放大和数字预失真技术,可以帮助减小这些影响,提升系统的整体性能。

(2) 开关型功率放大器。(如类 D 或类 E 功率放大器)主要用于脉冲信号或恒包络信号的放大。其工作原理基于开关状态的调制,通常工作在饱和区,从而可以实现较高的效率。开关型功率放大器在高功率、短时间脉冲的干扰任务中有广泛应用,尤其是在脉冲调制或频率调制的干扰信号中。

开关型功率放大器的主要优点是较高的效率,这使它们能够在短时间内释放大量能量,适用于瞬时高功率输出的场景。尽管开关型功率放大器在效率上表现出色,但它们的线性度较差,这意味着它们不适用于要求信号波形严格保真或高精度频率控制的任务。为了减小这种影响,开关型功率放大器往往需要与其他信号处理技术,如与数字预失真(DPD)技术结合使用。

2) 功率合成技术

在高功率干扰任务中,单个功率放大器往往无法满足所需的功率输出要求,尤其是在需要高覆盖范围或长时间稳定干扰的情况下。此时,功率合成技术成为一种重要手段,它通过将多个功率放大器的输出合成,达到所需的高功率输出。常用的功率合成技术包括电桥合成和空间功率合成。

(1)电桥合成。一种常见的功率合成技术,它通过电桥网络将多个功率信号合成,以提高系统的输出功率。电桥合成的优点在于其结构相对简单,能够在较为紧凑的空间内实现功率的合成。然而,由于电桥合成中的信号需要通过多个电路进行传输与叠加,存在一定的功率损耗。在一些对功率要求极高的系统中,这种损耗可能成为性能瓶颈。

在实际应用中,电桥合成通常需要与精确的相位控制技术结合,确保各通道之间的相位对齐,否则可能会出现信号干涉,降低系统性能。因此,电桥合成技术多用于中低功率干扰任务或功率放大器数量较少的情况。

(2)空间功率合成。一种通过多天线系统将多个功率信号空间合成的技术,通常应用于星载、机载或其他大规模干扰平台。通过空间合成,可将多个独立的信号源通过不同的天线阵列进行合成,从而在目标区域内形成强大的干扰场。空间功率合成的优势在于能够有效覆盖更大范围,并且可通过天线阵列的设计来调整干扰波束的方向性,从而精准地定向干扰目标。

空间功率合成在现代电子战系统中具有广泛应用,尤其是在需要多目标干扰或广泛覆盖的复杂环境中。为了实现最优的功率合成效果,空间功率合成技术通常需要与精确的波束控制技术相结合,以实现信号的高效合成与辐射。

3)功率放大器线性化技术

在功率放大过程中,由于非线性效应的存在,信号在放大过程中会出现失真,进而影响干扰信号的有效性和质量。为了减小非线性失真,提升干扰信号的精确性,线性化技术显得尤为重要。常用的线性化技术包括前馈线性化和数字预失真。

(1)前馈线性化。前馈线性化技术是一种通过实时预补偿放大器非线性效应来提升信号质量的技术。在实际应用中,前馈线性化通常通过将输入信号与放大器的输出信号进行比较,实时调整输入信号的幅度与相位,从而消除非线性失真。该技术可大幅提高放大器的线性度,尤其适用于高频信号的线性放大任务。

前馈线性化技术在应用中需要精确的反馈回路与控制系统,以确保信号的实时调节。尽管这种技术可以显著提升系统性能,但其实现复杂且需要较高的系统设计与调试精度,因此通常应用于高性能、高要求的干扰系统中。

(2)数字预失真。数字预失真技术通过数字信号处理对输入信号进行实时调整,弥补功率放大器非线性引起的失真。数字预失真技术的核心思想是通过对输入信号的预调制,使放大器输出信号在经过放大后能够恢复到理想的波形。这种技术常用于开关型功率放大器,因为开关型放大器通常在饱和区工作,其线性度较差,容易引起较大的失真。

数字预失真技术不仅可以应用于传统的脉冲调制信号,也可以用于复杂的调制波形。在实际应用中,数字预失真技术可有效提高系统的线性度和信号质量,尤其在高功率干扰任务中,能够显著改善系统的整体性能。

4.2.3.4 发射系统架构

信号发射系统负责将干扰信号辐射到目标区域,因此其设计与实现直接影响干扰信号的覆盖范围、方向性以及干扰效果。现代干扰系统通常包括天线、波束控制系统、功率分配与馈电网络等组成部分。通过这些部件的协同工作,干扰信号可以精确地辐射到目标区域,实现有效的干扰效果。

1)天线

天线是信号发射系统的核心部件之一,其性能直接决定了干扰信号的覆盖范围、方向性和辐射效率。天线的设计需要考虑多个因素,包括目标 SAR 系统的工作频率、干扰信号的波形特性、发射功率等。常见天线包括方向性天线和全向天线。

(1)方向性天线。通常用于需要窄波束干扰的场合,其主要作用是提高信号的辐射效率,使干扰信号集中传输到目标区域。通过精确设计波束的形状和方向,方向性天线能够有效增加干扰的精度,减少对其他非目标区域的干扰。

(2)全向天线。适用于大范围覆盖的干扰任务。与方向性天线不同,全向天线能够在 360° 范围内均匀辐射干扰信号,适合用于大面积的压制性干扰任务。

2)波束控制系统

波束控制系统在现代电子干扰系统中扮演着关键角色,能够使干扰信号灵活地定向、调整波束形状并优化干扰效果。随着技术的不断进步,波束控制不再仅仅依赖传统的机械扫描天线,而是越来越多地采用相控阵天线系统,以实现电子扫描与多目标覆盖。波束控制的目标是能够根据任务需求对干扰信号的覆盖范围、方向性以及强度进行灵活调节,进而提高干扰系统的效率和准确性。

(1)电子扫描(电子束扫描)。通过相控阵天线控制信号波束的方向,而无须物理转动天线。这种方法可以通过控制天线阵列中各个单元的相位来快速调整波束方向,从而实现对干扰信号的快速定位和调整。电子扫描技术的优势在于其响应速度极快,能够在毫秒级别内完成波束方向的切换。对于多目标干扰任务,电子扫描可以使多个波束同时存在,且每个波束都指向不同的目标,从而实现多目标干扰。

在实际应用中,电子扫描技术不仅提升了干扰的实时性和灵活性,还使干扰系统的体积和重量得到了显著压缩,适合在星载、机载等平台上部署。此外,电子扫描技术还可结合现代数字信号处理技术进行动态调整,从而实现自适应干扰效果。

(2) 自适应波束形成(adaptive beamforming)。一种基于信号处理算法的波束控制方法,它通过实时分析干扰信号与接收信号的反馈信息,动态调整天线阵列的波束方向和幅度分布,从而优化干扰效果。该技术广泛应用于需要高度灵活性和精准度的干扰任务中,能够根据目标 SAR 系统的动态变化实时优化干扰策略。

自适应波束形成不仅能够在多路径环境中有效抑制杂波与噪声,还能实现对信号的最佳对准,使干扰信号的能量集中在目标区域,从而最大化干扰效果。自适应波束形成技术的核心是实时的信号处理能力,它要求系统具备强大的数字信号处理能力和精确的反馈机制。

3) 功率分配与馈电网络

现代电子干扰系统中,尤其是在采用多天线协同发射的复杂平台上,功率分配与馈电网络的设计至关重要。通过合理的功率分配,可以确保多天线系统之间的功率均衡分配,从而提高干扰效果并减少系统的能量损失。常见功率分配方法包括等功率分配和动态功率分配。

(1) 等功率分配。一种简单且有效的功率分配方法,通常用于均匀覆盖的干扰任务中。通过这种方式,所有天线单元接收相同的功率信号,从而在空间中形成一个均匀的干扰场。这种方法适用于不需要特别精确指向的干扰任务,例如大范围的压制性干扰或对多个目标的广域干扰。

然而,等功率分配虽然操作简便,但在某些情况下可能会导致对某些目标区域的干扰效果不够理想。例如,某些目标可能位于天线阵列的边缘位置,这时由于信号的衰减,干扰效果可能减弱。因此,等功率分配方法在一些特殊情况下可能需要进一步优化。

(2) 动态功率分配。一种更为复杂和灵活的功率分配方法,根据目标的不同位置、优先级或威胁等级实时调整功率的分配。这种方法能够更好地适应多目标干扰任务的需求,提高系统的干扰效果。通过精确计算目标的相对位置与速度,动态功率分配技术能够在干扰过程中实时调整每个天线单元的输出功率,从而优化干扰效果并确保最大的干扰强度集中在最具威胁的目标上。

动态功率分配通常结合了目标识别与跟踪技术,通过信号处理与数据融合算法实现对目标的精准识别和实时调整。例如,对于高分辨率 SAR 系统,当目标发生高速机动或目标移动到新的位置时,动态功率分配技术能够及时响应并调整干扰策略,使干扰信号能够始终保持对目标的有效覆盖。

4.2.4 小结

本节中,干扰系统主要是指雷达干扰系统,尤其是针对 SAR 的干扰系统。此类系统的核心任务是通过各种技术手段生成、放大和发射干扰信号,从而抑制或破坏敌方雷达系统的探测能力,尤其是 SAR 系统的成像、定位和距离测量功能。本书提到的干扰平台、干扰设备以及信号产生与发射正是雷达干扰设备的典型组成部分。

至于通信和光电干扰设备,虽然它们也属于电子干扰系统的一部分,但它们的技术特点和功能与雷达干扰设备有所不同。

通信干扰系统主要用于干扰敌方的通信信号,确保通信链路的中断或信号失真。通信干扰系统通常涉及的技术包括宽带噪声、伪造信号和压制信号等,但其主要目的是影响语音或数据传输的质量和稳定性。通信干扰系统与雷达干扰系统的不同之处在于其目标信号的特性、频率范围和调制方式。

光电干扰系统主要用于干扰敌方的光学传感器、红外探测器、激光制导系统等。这类干扰系统的工作原理主要是通过强光源、激光束、红外辐射等方式对敌方的光电传感器进行压制或欺骗。光电干扰系统的技术特点和应用场景与雷达干扰系统不同,主要聚焦于光学和红外领域的干扰。

因此,本书中的干扰系统主要指雷达干扰系统,尤其是针对 SAR 系统的干扰。然而,通信干扰系统和光电干扰系统的工作原理、系统架构和技术实现也具有一定的相似性,都依赖信号生成、信号放大、信号发射和精确控制等关键技术。本章接下来主要叙述雷达干扰系统。

第3节　干扰方法与技术

SAR 在现代电子战中的应用日益广泛。SAR 能够提供高分辨率的地面图像,因此它在军事侦察、监视和打击等领域具有重要作用。然而,随着其应用的广泛性,雷达系统的对抗性也变得愈加复杂。为应对敌方雷达的威胁和打击,电子对抗(ECM)技术,尤其是对SAR的干扰技术,成为现代战争中的核心技术之一。本节将探讨几种主要的雷达干扰方法及其技术细节,着重于压制性干扰、欺骗性干扰以及低功率和智能干扰等技术。

4.3.1 雷达干扰分类

雷达干扰是指通过对目标雷达信号的干扰,令目标雷达失去正常工作能力或工作效能,从而达到防护和对抗目的[6,8]。SAR作为现代雷达技术的高端代表,具有高分辨率成像及目标识别能力,因此在电子对抗中成为重要的目标。根据不同的分类标准,雷达干扰可按干扰来源、作用性质、干扰方式等进行分类。

4.3.1.1 根据产生干扰的途径或干扰来源的不同

根据产生干扰的途径或干扰来源的不同,雷达干扰可分为有意的还是无意的干扰和有源的还是无源的干扰[1,6-18]。

有意的有源干扰,也称积极干扰,是通过专门设计的干扰发射设备主动发射干扰信号,对敌方雷达的正常工作造成影响;相比之下,有意的无源干扰,也称消极干扰,则是利用特制设备(如金属箔条、角反射器、吸波材料等)改变雷达回波特性或电磁波传播特性,从而削弱敌方雷达的探测和识别能力。这两种干扰方式通过不同的机制实现对敌方雷达系统的有效干扰,分别在不同的战场环境中发挥作用。雷达干扰的分类如图4.1所示。

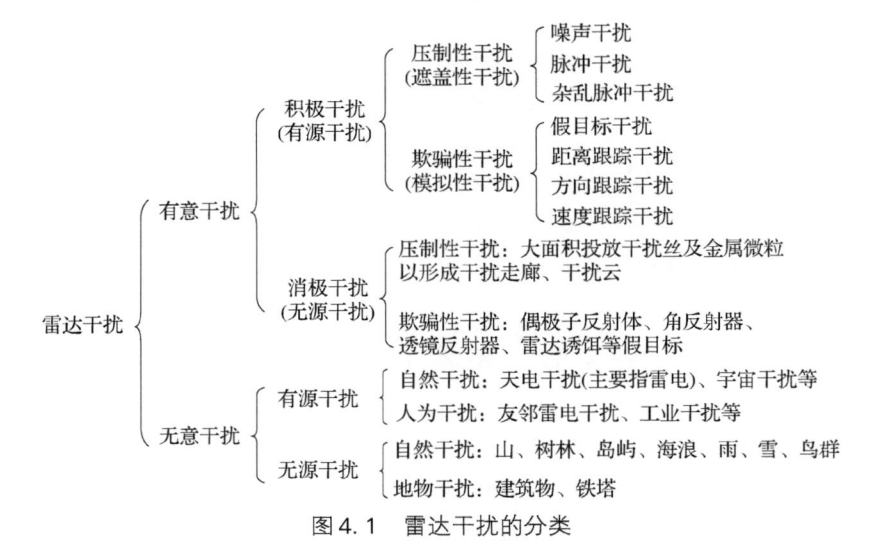

图4.1 雷达干扰的分类

对雷达的有意干扰,也称电子干扰,这是电子对抗研究的重点。但对雷达来说,经常而又大量存在的还是各种无意干扰,因此要求雷达必须具有良好的抗地物、海浪等杂波干扰性能。

本书重点讨论有源干扰,主要通过发射或反射干扰信号进入雷达接收系统,以削弱或扰乱敌方雷达的正常工作性能。无源干扰则作为补充内容进行概述,主要涉及利用材料或设备改变目标回波特性或电磁波传播特性,对雷达系统形成被动性干扰。

4.3.1.2 根据作用性质的不同

根据作用性质的不同,雷达干扰分为毁伤性干扰、压制性干扰(又称遮盖性干扰)和欺骗性干扰(又称模拟性干扰)[8-14]。

1) 毁伤性干扰

毁伤性干扰是一种利用高能电磁辐射对敌方雷达系统产生破坏性影响的方式。这种干扰通过向目标接收机输入高功率信号,直接毁伤其关键部件,使其无法正常运行。即使干扰信号停止,接收机的功能仍无法恢复,除非对损坏的部件进行修复或更换。

毁伤性干扰的效果不受辐射源频段的限制,可通过大功率辐射实现。例如,在光学频段,可利用大功率激光器对目标设备造成毁坏;在无线电频段,使用高功率微波辐射源(如相对论性辐射源或 UHF 辐射源)也能达到类似效果。这种干扰的主要作用对象是接收机输入单元的半导体器件,如混频器、检波器和低噪声放大器等。

然而,毁伤性干扰需要极高的功率或能量输出,在技术和应用层面面临诸多实现难题,因此实际使用较少。本书重点研究压制性干扰和欺骗性干扰,毁伤性干扰仅作概要介绍,不作深入探讨。

2) 压制性干扰

压制性干扰通过发射强干扰信号干扰敌方雷达的正常工作,其目的是影响雷达对目标回波信号的接收和处理[8,13]。强干扰信号可以掩盖或混淆正常回波信号,使雷达接收的信号特征变得模糊,甚至完全淹没在干扰噪声中,导致目标的定位、识别和测量精度显著下降。详见 4.3.2 节。

3) 欺骗性干扰

欺骗性干扰是指施放和目标回波十分相似的干扰信号,或对目标的距离、方位、速度的自动跟踪进行欺骗,使其部分有用信息丢失,虚警率增大[17]。欺骗性干扰往往不易被察觉,因此具有特殊的干扰效果。详见4.3.3节。

4.3.1.3 根据干扰方式的不同

根据干扰方式的不同,积极干扰可分为非调制波干扰和调制波干扰等。

如图4.2所示,正弦波干扰也称连续波干扰、载波干扰。它和正弦调制干扰都属于比较简单的干扰方式,在电子战发展的初期得到广泛运用,但目前的干扰机已经很少采用。

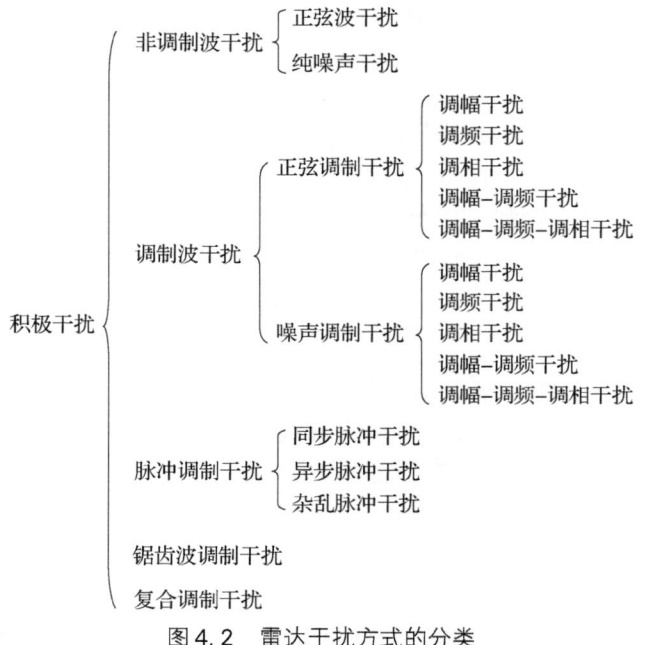

```
                  ┌ 非调制波干扰 ┌ 正弦波干扰
                  │              └ 纯噪声干扰
                  │                              ┌ 调幅干扰
                  │                              │ 调频干扰
                  │              ┌ 正弦调制干扰 ┤ 调相干扰
                  │              │              │ 调幅-调频干扰
                  │              │              └ 调幅-调频-调相干扰
          积极干扰┤ 调制波干扰 ┤
                  │              │              ┌ 调幅干扰
                  │              │              │ 调频干扰
                  │              └ 噪声调制干扰┤ 调相干扰
                  │                              │ 调幅-调频干扰
                  │                              └ 调幅-调频-调相干扰
                  │              ┌ 同步脉冲干扰
                  │ 脉冲调制干扰┤ 异步脉冲干扰
                  │              └ 杂乱脉冲干扰
                  │ 锯齿波调制干扰
                  └ 复合调制干扰
```

图4.2 雷达干扰方式的分类

噪声干扰是利用随机起伏的电磁波信号干扰雷达接收系统正常运行的技术,因其无规律性又被称为杂波干扰或起伏干扰。噪声干扰可分为纯噪声干扰和噪声调制干扰两大类。

纯噪声干扰是通过将自然噪声信号放大并直接发射,干扰雷达接收系统。这种方式操作简单,在电子对抗技术发展初期得到广泛应用,尽管如今技术更加复杂,但纯噪声干扰仍在一些特定场景中发挥作用。相比之下,噪声调制干扰具有更高的灵活性和干扰效果。常见的调制方式包括调幅、调频、调相,以及组合调制方式(如调幅–调频、调幅–调频–调相)。这种方式通过优化信号频谱分布和功率分配,不仅能够适应雷达的不同工作波段,还能增强干扰信号的强度,因此在现代电子对抗中被广泛应用。

脉冲干扰是一种通过发送特定频率脉冲信号干扰雷达系统的有效手段。这些脉冲信号可以是未调制的,也可以经过参数调制,以进一步增强干扰效能。通过对脉冲信号的幅度、重复频率及脉冲宽度等关键参数的调制,可以显著提高干扰的针对性和覆盖效率。

在脉冲干扰技术中,同步脉冲干扰是一种具有特殊效果的形式。当干扰脉冲的重复周期与雷达脉冲的周期相等或成整数倍关系时,干扰信号会在雷达显示器上呈现静止状态,难以与目标回波区分,极易干扰雷达的正常识别。相比之下,异步脉冲干扰通过设计干扰脉冲周期与雷达脉冲周期不成整数倍关系,使显示器上的干扰信号表现为移动状态,这种动态特性会增加雷达系统的处理复杂度。此外,杂乱脉冲干扰的重复周期随机变化,因其无规律性特征,又被称为不规则脉冲干扰。这种干扰方式对依赖周期性规律信号的雷达系统构成了显著挑战,严重削弱了雷达对目标信息的提取能力,提升了干扰的随机性和不可预测性,从而增强了干扰效果。

4.3.2 压制性干扰

压制性干扰(suppressive jamming),又称遮盖性干扰,是一种通过向敌方 SAR 接收机注入噪声或类似噪声信号以压制或覆盖目标回波的干扰技术[1-2,8,13]。其核心目标在于降低 SAR 系统对目标的成像质量,使目标检测、识别和跟踪变得困难甚至无法实现,从而削弱对方从 SAR 图像中提取有用信息的能力。这种干扰方式对现代高分辨率 SAR 系统构成了显著威胁,是电子战领域的重要研究方向之一。

SAR 的目标检测通常依赖在内外部噪声背景下对目标回波的信号处理,其成像质量受信噪比(SNR)的直接影响。SAR 系统的目标检测概率需要满足一定的虚警概率(P_{fa})和检测概率(P_d)准则。当目标信号的能量(S)与噪声能量(N)之比(信噪比,S/N)高于检测门限(D)时,SAR 能够在较低的虚警概率下保证较高的目标检测概率;反之,则目标可能无法被检测到。压制性干扰正是通过向 SAR 接收机施加高功率噪声,降低目标信号的信噪比,干扰其正常工作。

4.3.2.1 基本原理

SAR 发射的线性调频脉冲串信号经过目标反射形成目标回波,该回波信号在经过接收机和信号处理器后形成目标图像。压制性干扰通过向接收机输入额外的强干扰噪声信号,与目标回波信号一同进入接收链路,SAR 系统难以区分目标回波和噪声信号,从而降低成像质量,甚至完全遮蔽目标[2]。

具体来说,压制性干扰的原理体现在降低信噪比、破坏信号一致性和增加检测复杂度三个方面。

一是降低信噪比[14]。干扰通过覆盖目标回波信号,使噪声功率显著增加,从而降低目标信号的信噪比。在 SAR 接收机对信号放大和量化的过程中,干扰信号与目标信号共同作用,使回波信号特征模糊,目标难以检测。二是破坏信号一致性。SAR 图像的生成依赖目标回波信号的相位和幅度信息。强噪声的引入不仅降低信号强度,还扰乱其相位一致性,使 SAR 系统在成像处理时无法正确还原目标的特征参数。三是增加检测复杂度。压制性干扰的存在使得信号处理过程中的目标检测变得更加复杂。由于干扰信号与目标回波信号在频率、时间和空间上的重叠,传统的目标检测算法难以在噪声和目标回波之间做出有效区分,这导致了检测算法的性能下降,必须引入更加复杂的信号处理技术来进行干扰抑制和目标提取。此外,在干扰强度较大的情况下,增加的检测复杂度可能导致系统计算负担加重,进而影响系统的实时性和可靠性。因此,压制性干扰不仅影响目标回波的信号质量,还对整个 SAR 系统的工作效率和稳定性带来了挑战。

4.3.2.2 技术实现路径

压制性干扰技术的具体实现可概括为从干扰信号生成到作用于目标 SAR 系统的完整过程,主要包括四个步骤,如图 4.3 所示。

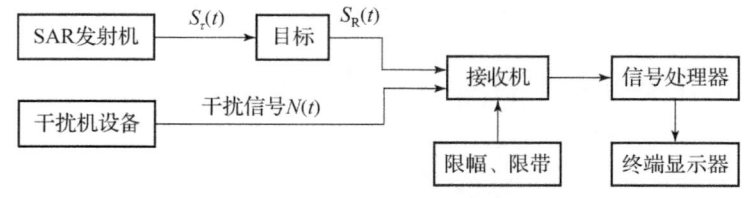

图 4.3 压制性干扰技术实现路径

步骤一:干扰信号的生成。

首先 SAR 向可能存在目标的空间发射一个线性调频脉冲串信号 $S_r(t)$。当该空间存在目标时,该信号会受到目标距离、角度和其他参数的调制,称为回波 $S_R(t)$。

而与此同时,干扰信号通常由 SAR 干扰机产生,包括宽带噪声、窄带噪声或调制噪声等形式。根据作战需求,干扰信号可设计为宽带噪声、宽带噪声或者调制噪声。宽带噪声覆盖 SAR 工作频带的随机噪声信号,适用于对多频段雷达系

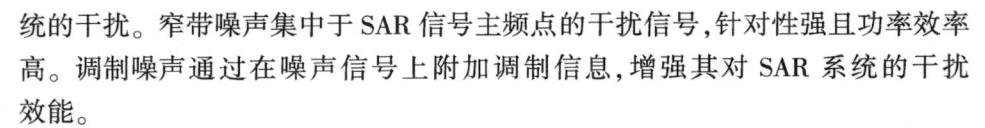

统的干扰。窄带噪声集中于 SAR 信号主频点的干扰信号,针对性强且功率效率高。调制噪声通过在噪声信号上附加调制信息,增强其对 SAR 系统的干扰效能。

步骤二:干扰信号的注入。

干扰信号 $N(t)$ 通过多种途径进入目标 SAR 接收机,与目标回波信号 $S_R(t)$ 混合形成复合输入信号。主要注入方式包括主瓣覆盖、副瓣泄露和散射路径传播。

主瓣覆盖注入方式指干扰信号直接进入 SAR 天线主瓣,对系统的核心接收方向实施全面覆盖。此方式功率需求较高,但对关键目标的成像破坏具有极高的效率,适用于重点目标的直接干扰。副瓣泄露方式指干扰信号利用 SAR 天线的副瓣敏感性渗透接收路径。相比主瓣干扰,副瓣干扰具有较低的功率需求,同时隐蔽性更强,尤其适用于削弱 SAR 在非主轴区域的成像能力。散射路径传播方式通过利用地面反射或其他物体散射传播干扰信号,以复杂路径进入目标 SAR 接收机。此方式对多径干扰环境下的 SAR 系统有显著影响,常用于广域干扰部署。

步骤三:信号混合与处理。

在干扰信号和目标回波信号共同进入 SAR 接收机后,信号处理链路对二者进行放大、量化和解调。此过程中的干扰影响表现在以下三个方面。

一是信号功率竞争,干扰信号以高功率覆盖目标回波信号,使目标信号在接收端被淹没或显著削弱,信号特性难以提取。二是相位和幅度特性的破坏,干扰信号的随机性和强度扰乱了目标信号的相位和幅度一致性,破坏了 SAR 对目标特征的精确重建能力。三是接收机非线性效应,高功率干扰信号可能引发接收机的非线性失真效应,导致目标信号与干扰信号之间的解调交互复杂化,从而进一步降低系统的分辨能力。

步骤四:成像质量的破坏。

由于干扰信号的引入,SAR 成像结果可能出现以下三个问题。

一是图像噪声增多,强干扰信号显著提升 SAR 接收链路中的噪声水平,使图像背景信息复杂化,难以区分目标与背景。二是目标边缘模糊,由于信号相位信息的破坏,SAR 对目标边界的分辨能力大幅下降,目标轮廓模糊,细节信息丢失。三是伪目标生成,干扰信号的非线性混叠效应可能引入伪目标,干扰 SAR 的目标识别能力。这些伪目标的出现可能误导战术决策,极大影响对实际目标的判断。

图 4.3 中的终端显示器用来显示目标的位置、特征参数等。由于干扰信号的存在,SAR 成像质量下降,从而将影响到 SAR 对目标信息的准确而全面的检

测。接收机的用途则是放大和处理SAR发射之后返回的所需要的回波,在此它也将接收到人为产生的干扰噪声。

4.3.2.3 压制性干扰方法

常见的压制性干扰方法包括瞄准式干扰、阻塞式干扰和扫频式干扰[2]。

1) 瞄准式干扰

瞄准式干扰通过精确对准敌方雷达的工作频率,在其频段内施加干扰信号。由于干扰信号的频谱宽度与被干扰雷达的工作频谱相近或略宽,瞄准式干扰具有较强的干扰能力,能显著降低雷达的接收灵敏度,从而压制敌方雷达的正常工作。此方法的优点在于能实现高效能量集中,缺点是干扰设备需要精确定位目标雷达的工作频率,且每次只能干扰一个频段。

2) 阻塞式干扰

与瞄准式干扰不同,阻塞式干扰采用宽频带信号,使多个雷达系统在同一频带内受到干扰。其工作方式是通过发射频谱宽度大于敌方雷达工作信号频段的干扰信号,覆盖多个雷达频段。阻塞式干扰的优点是能够在短时间内压制多个雷达,但其缺点是干扰能量分布在宽频带内,导致干扰效果的效率较低。因此,若要提高干扰效果,通常需要增加干扰发射功率。若干扰功率不足,则干扰效果就不好,为了克服这个弱点,可采用窄带阻塞式干扰和分段阻塞式干扰。

窄带阻塞式干扰又称瞄准阻塞式干扰。它是瞄准工作频率相近的几部雷达在较窄的频带内所进行的干扰,它的干扰带宽介于瞄准式和阻塞式之间。

分段阻塞式干扰也称梳形阻塞式干扰。其用多部干扰发射机分别调谐在不同的雷达频带上,形成对某一频段的阻塞性干扰。

3) 扫频式干扰

扫频式干扰是为提高在宽频带范围内的干扰效果而采用的一种方法,实质上是一种瞄准式干扰,同时也具有阻塞式干扰的作用。其方法是由窄带干扰机在整个干扰频段内进行快速扫频,导致该波段上的雷达都受到较强的干扰。由于这种方法能够有效集中干扰功率,达到足够高的功率密度,在正确选择调谐速度和频谱密度的情况下,雷达接收机在干扰机扫频过程中无法及时恢复灵敏度,最后会导致显示器上的图像闪烁,无法观察和跟踪目标。

随着科技的进步,压制性干扰技术正朝着智能化、自动化方向发展。例如,采用自适应算法根据敌方雷达的实时工作频率自动调整干扰信号的频率和功率,从而实现对不同雷达系统的高效压制。此外,集成化和小型化的干扰设备使压制性干扰系统能够适应复杂的战场环境,以提供更为灵活和高效的对抗手段。

4.3.3 欺骗性干扰

欺骗性干扰(deception jamming)技术通过向雷达发射虚假的回波信号或伪装信号,使雷达系统误认为虚假回波为真实目标,从而破坏目标的跟踪精度或引起虚警。与压制性干扰不同,欺骗性干扰的目标是通过模拟真实目标回波或操控回波特征,造成敌方雷达系统对目标的错误判断。

欺骗性干扰的基本工作原理是施放与目标回波信号相似的干扰信号,或通过修改目标回波的特征(如速度、方位、距离等),使敌方雷达产生虚假的追踪目标。这些干扰信号一般具有以下特点。

特点一:伪装回波。通过合成与真实目标回波相似的信号,向雷达系统发送虚假目标信息。常见的伪装手段包括模拟目标的距离、速度、方位角等。通过伪装手段,欺骗性干扰能够在敌方雷达的显示器上制造多个虚拟目标,从而迷惑敌方雷达操作人员。

特点二:虚假轨迹。利用欺骗性干扰技术改变目标的轨迹,进而影响敌方雷达对目标的跟踪精度。例如,通过调制目标回波的时间延迟、频率等参数,虚构目标的运动轨迹,导致敌方雷达产生虚假的目标定位信息。

特点三:虚警增益。欺骗性干扰技术通过发射虚假目标回波,增加敌方雷达的虚警率,使敌方雷达无法正确分辨真实目标与虚假目标之间的差异,从而降低其侦察和打击能力。

欺骗性干扰技术正在向智能化和多维度干扰发展。现代雷达系统采用先进的信号处理技术和算法,能够通过多普勒效应、频谱分析等手段对目标信号进行更加精确的解码。为了克服这一挑战,欺骗性干扰系统需要具备更高的自适应能力,能够动态地调整欺骗信号的特征,以实现对抗现代复杂雷达系统的目的。

4.3.4 无源干扰

无源干扰是除有源干扰外的另一种重要干扰手段,其原理是通过反射、散射或吸收雷达电磁波的方式,扰乱雷达的正常工作。相比有源干扰,无源干扰在某些场景下更具优势。以欺骗干扰为例,有源干扰需要生成逼真的欺骗信号,不仅技术复杂,且成本高昂;无源干扰则更为简单高效,例如,通过金属材料制作与目标相似的模型,便可制造虚假的目标图像,如伪装坦克,工艺简单且成本低廉。

SAR 的侦察时间一般为一个合成孔径周期,通常仅需数秒到十几秒(取决于飞行平台)。因此,无源干扰技术只需要在此期间有效即可。比如,空中撒布箔条,尽管箔条滞留时间较短,但足以掩护目标。无源干扰的优势在于覆盖空域大、干扰频带宽,且制造和使用都非常便捷。

针对SAR的无源干扰主要包括反射器、箔条走廊、假目标和伪装网等,下面分别介绍。

4.3.4.1 反射器

反射器是无源干扰中一种经典且有效的技术手段,其核心是通过设计特殊几何形状的反射体,使雷达波按照预定方式反射回雷达接收机,形成强回波信号,从而干扰雷达系统的判断(见图4.4)。常见的反射器包括角反射器、球形反射器和柱形反射器。

角反射器由三个互相垂直的平面构成,能够将入射的雷达波无损反射回雷达接收

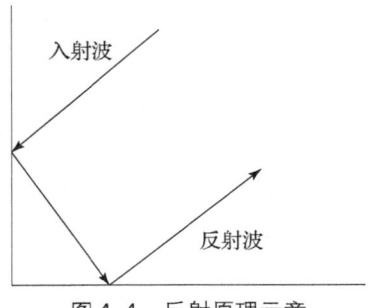

图4.4 反射原理示意

机,广泛用于制造伪目标。它的反射性能与其尺寸和材质密切相关,通常用于模拟真实目标,如飞机、车辆或军事装备。通过调整角反射器的大小和材料,可实现雷达信号特征的匹配,使伪目标在雷达图像中逼真再现。

球形反射器采用光滑金属制成,通过球形结构实现各个方向的均匀反射。与角反射器相比,球形反射器对多方向雷达波的适应性更强,适合部署在动态环境中,如海上漂浮伪目标的干扰。

柱形反射器利用柱体的曲率控制反射方向,通常用于特定区域的干扰,如沿着海岸线或战场周边部署,模拟真实地形中的线性目标(如桥梁、铁路)。

反射器的优点在于部署便捷、成本低廉,可广泛应用于模拟真实目标和掩护关键装备的干扰任务。

4.3.4.2 箔条走廊

箔条走廊是一种利用金属薄片或涂覆导电材料的纤维在空中形成散射干扰区的技术。通过大规模撒布箔条,使雷达接收到大量随机分布的回波信号,从而干扰雷达对真实目标的探测和跟踪。

箔条走廊技术具有三个特点。一是散射特性,箔条的长度和排列密度决定了干扰信号的强度。通过设计箔条的长度与雷达波长相匹配,可最大限度地增

强雷达波的散射效果。二是覆盖范围,撒布箔条可以形成广覆盖的干扰区域,用于掩护军事设施、部队行进路线或海上舰艇编队。尤其在防空作战中,箔条走廊常用于掩护飞机编队穿越敌方雷达探测区。三是部署方式,箔条可以通过飞机空投、地面发射装置或无人机撒布。在战斗机护航任务中,箔条常被装载在专用干扰吊舱中,以掩护机群行动。

箔条走廊的优势在于覆盖区域广、成本低,可快速形成干扰效果,但滞空时间短,需要结合其他手段形成多层干扰体系。

4.3.4.3 假目标

假目标通过制造与真实目标相似的物理模型,使雷达误判伪目标为真实目标,从而实现欺骗干扰的目的。

假目标技术包括三点关键应用。一是伪装模型,采用与真实目标反射特性接近的金属或复合材料,制作伪装模型,如伪坦克、伪飞机或伪舰艇。伪装模型通常具备简单结构,便于大规模制造和快速部署。二是移动假目标,为了进一步增强欺骗效果,可以为伪装模型加装移动装置,使其在雷达图像中表现为动态目标,从而混淆敌方判断。移动假目标广泛应用于高价值装备的伪装,如导弹发射阵地、指挥中心等。三是微型假目标,针对反辐射导弹等精确制导武器,利用微型假目标形成多点散射,以分散对方火力,保护关键目标。

假目标技术的核心在于准确模拟目标的雷达散射特性,配合灵活部署方案,能够有效提高干扰效率。

4.3.4.4 伪装网

伪装网通过覆盖目标的方式改变其电磁波反射特性,从而降低雷达的探测精度,甚至完全隐藏目标。

伪装网主要分为三种类型。一是吸波伪装网,利用特殊涂层或吸波材料,吸收雷达波而非反射,使目标的雷达回波信号强度大幅降低,从而隐藏目标。吸波伪装网主要用于保护静态目标,如军事设施、油库等。二是反射伪装网,通过反射雷达波形成杂波效应,掩盖目标真实轮廓。反射伪装网适用于动态目标的保护,如战斗车辆、舰艇编队等。三是多功能伪装网,结合吸波和反射特性,同时具备对红外、可见光的隐身能力,用于多频谱隐身作战环境。

伪装网的应用场景广泛,不仅可以降低目标被发现的概率,还能通过干扰反射特性,使雷达难以准确识别和锁定。

4.3.5 低功率干扰与智能干扰

低功率干扰(low-power jamming)与智能干扰(intelligent jamming)是近年来发展较快的干扰技术。低功率干扰强调通过较低的功率消耗实现对敌方雷达系统的有效干扰;而智能干扰则是结合人工智能(AI)、机器学习(ML)等技术对干扰策略进行动态优化,以提升干扰效果并适应复杂多变的战场环境。

1) 低功率干扰

低功率干扰技术的核心理念是通过优化干扰信号的频谱分布,使敌方雷达系统在不产生过大功率消耗的情况下,依然能够实现较强的干扰效果。低功率干扰通常依靠高度集中且高效的频谱利用来实现对敌方雷达的干扰。由于其干扰信号功率较低,具有较高的隐蔽性和较低的反制概率,适合用于隐蔽式对抗。

关键技术一:功率谱优化。低功率干扰的关键在于干扰信号的功率谱设计。通过优化干扰信号在频谱中的分布,使信号在敌方雷达的接收范围内能够产生最大效应,同时避免过度的功率消耗。

关键技术二:频谱利用。低功率干扰通过智能化的频谱分配,在干扰过程中尽可能地集中信号能量,减少不必要的干扰范围,以达到既能压制雷达信号又能保持干扰设备低功耗的效果。

2) 智能干扰

智能干扰是指通过人工智能和机器学习技术对干扰策略进行自适应调整,从而实现对复杂雷达系统的有效对抗。智能干扰系统能够根据敌方雷达的工作状态、频谱特点、信号模式等实时信息,动态优化干扰方案,实现更高效的干扰效果。

关键技术一:自适应干扰算法。智能干扰系统能够通过实时分析敌方雷达信号的变化,自动选择最佳的干扰策略,包括干扰信号的频率、功率、波形等参数的动态调整。智能干扰系统通过机器学习算法,不仅能分析和识别敌方雷达的工作模式,还能根据雷达的响应进行自我调整,从而提高干扰效果。

关键技术二:多维数据融合。智能干扰系统往往基于多个传感器的数据融合来获取更精确的敌方雷达信号信息。这些传感器包括电子侦察设备、光电侦察系统等,通过多种数据源的协同工作,能够在复杂战场环境中实现对敌方雷达的高效干扰。

关键技术三:对抗策略优化。利用大数据分析和智能算法,智能干扰系统能够识别敌方雷达系统的弱点,并采取针对性强的干扰策略。例如,通过分析雷达波形的特征,智能干扰系统可以针对不同类型的雷达发出最为精准的干扰信号,从而大幅提高干扰的成功率。

人工智能和深度学习技术的快速发展,使智能干扰技术在雷达对抗中的应用前景非常广阔。未来,智能干扰系统可能会更加智能化,能够实时适应战场环境的变化,进行多层次的干扰,使得敌方雷达难以识别和回避。此外,智能干扰系统还将能够自动与其他电子对抗手段(如电子侦察、反雷达导弹等)协同作战,形成综合性的对抗体系。

4.3.6 综合干扰方法

SAR的对抗技术并非单一的干扰方式,而是通过多种干扰手段的综合运用达到最优效果的。例如,压制性干扰与欺骗性干扰的联合使用,可以在干扰敌方雷达的同时,增加敌方识别虚假目标的难度,从而大幅降低敌方的打击效率。

1) 联合干扰应用

压制性干扰和欺骗性干扰的联合使用是当前电子战中的一个重要发展方向。例如,压制性干扰可以用来扰乱敌方雷达的接收功能;而欺骗性干扰能有效地伪装虚假目标或改变目标轨迹,使敌方在识别时产生混淆。这种多手段干扰的组合策略能够大幅提高干扰的成功率,降低敌方雷达的反应能力。

2) 自适应干扰策略的融合

在智能干扰技术的支持下,干扰策略的自适应调整不再是单一技术手段的体现。现代电子对抗系统通过实时获取敌方雷达的工作状态及环境变化,自动优化多种干扰方式的组合,从而使干扰效果达到最大化。这种系统能够根据不同的战场环境自动选择合适的干扰方式和干扰强度,确保干扰的高效性和隐蔽性。

3) 混合式干扰技术的应用

随着多种先进技术的不断发展,未来的SAR干扰系统可能会采用更加复杂的混合式干扰技术。例如,利用光学干扰、噪声干扰、雷达波形扰动等多种手段同时作用于敌方雷达,这种方式的干扰不仅能从多个维度压制敌方雷达系统的工作效率,还能有效提升干扰的全面性和持久性。

4) 对抗目标雷达网络的协调性

随着对抗目标逐渐走向网络化,未来的干扰系统可能会整合各类雷达系统的信息,通过共享数据和协同作战实现对目标雷达的全面打击。通过跨平台的电子对抗手段,雷达对抗系统能够在大范围内部署并协调多种干扰方式,以实现更精确和更深远的打击效果。

SAR 作为现代电子战中的关键装备,如何有效对抗其带来的威胁成为军事对抗研究的重要课题。雷达电子干扰技术,尤其是针对 SAR 的干扰,正朝着更高效、更智能化的方向发展。从压制性干扰、欺骗性干扰到低功率与智能干扰,各种干扰手段的综合应用使电子战在现代战场中变得更加复杂和更具挑战性。

第 4 节　雷达干扰系统任务及程序

在现代战争中,雷达已经成为不可或缺的电子装备。其重要作用不仅在于对空中和地面目标的探测与跟踪,更是现代防空、导弹防御等战略决策的基础。然而,正是由于雷达技术依赖电磁波的传输与反射,它的脆弱性也被逐渐显现出来,尤其在复杂的电子对抗环境下,敌方的干扰和反制措施能够显著削弱雷达的侦测与打击能力。因此,雷达干扰成为现代电子战中至关重要的手段之一。

雷达干扰是指通过技术手段对敌方雷达系统进行破坏或干扰,使其无法正常执行任务,进而影响敌方战场信息的获取与指挥决策[1-2]。常见的雷达干扰手段包括电磁干扰(EMI)、欺骗干扰(ECM)、噪声干扰、频率跳跃等,这些措施的实施直接决定了干扰任务的成功与否。

4.4.1　雷达干扰的基本任务

雷达干扰技术是现代电子对抗(ECM)中的关键环节,旨在削弱或破坏敌方雷达系统的探测、跟踪、瞄准等核心功能。随着雷达技术的快速发展和作战环境复杂性的增加,雷达干扰任务的多样化和针对性也变得愈加突出。在本节中,我们将系统地介绍几种常见的雷达干扰任务,分析它们对敌方作战能力的削弱作用,尤其是在 SAR 系统中的应用。

4.4.1.1　干扰敌方警戒雷达

警戒雷达主要用于对远距离目标进行监视、探测与预警,是现代防空和导弹防御系统中的核心组成部分。它通常具备广泛的覆盖范围,可以对敌方飞机、导弹、无人机等目标进行早期探测。通过有效干扰敌方的警戒雷达,可以直接削弱其早期预警能力,从而使敌方的指挥和决策系统受到严重干扰,为己方作战行动争取宝贵的时间。

警戒雷达的干扰策略包括噪声干扰、欺骗干扰和高功率脉冲干扰。

噪声干扰通过向警戒雷达发射具有宽带噪声的干扰信号,使雷达信号的信噪比急剧下降,从而降低雷达的探测能力。噪声干扰常见于对频率范围较广的雷达进行干扰,目的是广泛覆盖敌方雷达工作频段。欺骗干扰通过生成虚假的回波信号,使敌方雷达系统误认为存在一个或多个虚假目标。常见的欺骗方式包括在雷达的扫描区域内放置模拟目标,使敌方雷达误判实际目标的位置和速度,从而导致错误决策。高功率脉冲干扰通过高功率脉冲信号攻击敌方警戒雷达,造成其瞬时饱和,从而破坏其正常工作。在脉冲压缩技术日益成熟的情况下,这种干扰方式具有极高的效果,能够在短时间内有效压制敌方雷达。

成功的警戒雷达干扰能够有效打破敌方的早期预警链条,造成其防空系统指挥的混乱。对敌方警戒雷达的干扰,不仅能够延缓敌方对己方军事行动的响应时间,还可以在战术层面上迷惑敌人,为己方提供更多的战略主动性。

4.4.1.2 干扰敌方跟踪雷达

跟踪雷达主要用于精确锁定目标并为导弹制导提供实时数据。无论是空空导弹还是防空导弹,其成功拦截目标的关键均在于跟踪雷达能否持续跟踪目标并提供精准的位置信息。对于导弹的制导系统来说,跟踪雷达的稳定性至关重要。通过有效干扰敌方的跟踪雷达,可以使敌方的武器系统无法精准锁定目标,从而降低导弹的命中率,甚至可能使其完全失去攻击能力。

跟踪雷达的干扰策略包括频率跳变干扰、模拟目标干扰和干扰锁定过程中的距离和角度信息。

频率跳变干扰通过快速频率跳变的干扰信号干扰敌方雷达的工作频率,使其无法稳定锁定目标。尤其是在多目标环境下,频率跳变干扰能够有效增加敌方雷达的信号处理负担,从而导致跟踪失效。模拟目标干扰在敌方跟踪雷达的扫描区域内,生成虚假回波信号,模拟一个或多个目标的出现。通过干扰信号使敌方跟踪雷达产生虚假目标,并错误地锁定在这些虚拟目标上,从而无法对实际威胁进行精确跟踪。干扰锁定过程中的距离和角度信息通过对跟踪雷达输出的距离、角度等关键信息进行干扰,使雷达无法准确获取目标的位置,从而影响其精确度。

干扰敌方的跟踪雷达能够有效降低其武器系统的反应速度和准确性。特别是对于高精度制导导弹而言,跟踪雷达的干扰意味着其失去对目标的持续锁定,进而使导弹在飞行过程中可能失去目标,导致拦截失败。对于敌方来说,一旦跟踪雷达失效,防空系统的拦截能力将大大降低,己方可以在较小的反应时间内实施精准打击。

4.4.1.3 干扰敌方瞄准雷达

瞄准雷达通常用于导弹、炸弹等精确制导武器的目标锁定与打击。在现代战争中,瞄准雷达的精度直接关系到导弹的命中率和作战效能。通过干扰敌方瞄准雷达,可以使敌方的精确制导武器失去制导信号,从而保护己方重要目标免受精确打击。

瞄准雷达的干扰策略包括光学欺骗干扰、电子欺骗干扰和干扰制导信号。

光学欺骗干扰通过放置光学欺骗装置(如伪装网、热源等)干扰敌方瞄准雷达的探测系统。通过模仿实际目标的热辐射或反射特性,误导敌方雷达误判目标位置。电子欺骗干扰通过发射虚假的电子信号,模拟目标的雷达特征,迫使敌方雷达系统锁定在虚假的信号上。电子欺骗可以通过模拟不同的目标特性(如反射截面、速度等)来产生干扰效果。干扰制导信号通过干扰导弹的制导信号,阻止敌方瞄准雷达向导弹传输精确位置。此时,导弹的制导系统无法依赖瞄准雷达提供的数据信号,从而丧失导引能力。

对瞄准雷达的干扰,能够有效阻止敌方导弹或炸弹的精准制导,使其失去精确打击能力。尤其是在防护重要军事设施或舰艇时,瞄准雷达的干扰可以显著提高目标的生存概率,削弱敌方精确打击武器的威胁。

4.4.2 实施雷达干扰的基本程序

在现代电子对抗作战中,实施雷达干扰是提高战场胜算的重要手段。雷达干扰不仅需要技术上精确的执行,还需要根据实际战术需求动态调整。在 SAR 对抗领域,干扰系统的执行程序更为复杂,涉及对多种雷达类型、频段及工作模式的精准干扰[2,8]。因此,雷达干扰的基本程序虽然具有一定的共性,但实际应用中会因战术变化、干扰对象特性和战场环境的不同而有所调整。下面详细介绍实施雷达干扰的基本程序。

4.4.2.1 用雷达侦察载荷快速发现雷达信号,测定其频率和方位

雷达干扰的第一步是采用雷达侦察载荷对敌方雷达信号的侦察与定位。雷达侦察载荷的任务是探测敌方雷达的工作频率、方位、功率、脉冲间隔等关键信息,并实时回传给指挥系统,为后续干扰提供依据。

具体步骤如下。首先是频率识别,通过对频谱的扫描,雷达侦察载荷能够识别敌方雷达所使用的工作频段。雷达信号的频率分析是干扰的基础,准确

获取频率信息可以帮助选择合适的干扰频段。其次是通过多站点测量或利用多普勒效应获取敌方雷达的方向数据。通过精确的定位,能够确定敌方雷达的具体方位,为实施定向干扰提供依据。最后通过对雷达信号的强度分析,侦察机能够初步判断敌方雷达的探测范围和工作功率,为后续干扰强度的调整提供参考。

这一过程中的技术难点在于多目标探测和动态调整。在现代战场环境中,多个敌方雷达系统可能同时工作,且具有复杂的工作模式。如何快速、准确地从众多雷达信号中提取目标信号,是雷达侦察的技术难点。敌方雷达的频率和方位可能会发生变化,因此需要侦察载荷具备快速响应和实时更新的能力。

4.4.2.2 测定雷达信号参数,确定其形式,判明其工作状态

侦察机发现了雷达信号,下一步就是对该信号的详细分析。这一过程包括以下几个关键步骤。

第一步是脉冲参数分析。雷达通常工作在脉冲模式下,因此通过对脉冲宽度、重复频率、脉冲间隔、调制方式等参数的分析,可以揭示敌方雷达的工作模式。特别是在 SAR 中,脉冲压缩和频率调制等技术被广泛使用,信号分析的精确性直接影响干扰效果。

第二步是调制方式与波形识别。不同类型的雷达(如脉冲雷达、连续波雷达、频率调制雷达等)采用不同的波形与调制方式。通过对信号波形的分析,能够判断其具体类型,从而为选择干扰方法提供信息。

第三步是雷达工作状态判断。通过分析雷达的工作周期(发射、接收、扫描等阶段),可以判断敌方雷达当前的工作状态是处于警戒状态、搜索状态,还是锁定目标状态。此信息对于判断干扰时机至关重要。

其技术难点在于复杂信号分析和多雷达信号干扰。尤其是现代 SAR,信号的处理与分析极为复杂,采用了多种信号处理技术,如脉冲压缩、时频分析等。如何在短时间内准确解析这些复杂信号,是技术的难点。战场上可能同时存在多种雷达工作状态,且这些雷达可能具有不同的工作模式和频率范围,如何有效地对多个雷达信号进行分析和判别,需要高效的算法与计算平台。

4.4.2.3 引导干扰系统在频率上、方向上对准目标干扰的雷达

干扰系统需要根据侦察到的敌方雷达信号的频率、方位和功率信息,精确地进行频率选择和定向发射。干扰系统通常具备以下功能。

功能一：频率选择。根据敌方雷达的工作频率，干扰发射机会在频谱范围内选择合适的干扰频段。特别是对于 SAR 这类高频、高分辨率的雷达，干扰系统必须具备高精度的频率合成与调制能力。

功能二：定向发射。干扰发射机不仅要在频率上与敌方雷达匹配，还需要确保干扰信号定向发射。通过天线阵列和电子扫描技术，能够实现对敌方雷达的精准定向。

功能三：功率控制。根据敌方雷达的功率及探测范围，干扰系统需要调整自身的输出功率。过低的功率可能无法有效干扰敌方雷达，而过高的功率可能会引发自身暴露的风险。

其技术难点在于高精度定向和多平台协同。现代雷达系统中，敌方雷达的信号可能会快速变化，如何准确把握其频率和方位，并通过精确的定向发射进行有效干扰，是干扰系统面临的技术挑战。在复杂的战场环境中，可能需要多平台协同工作，进行联合干扰。如何在多平台间进行信息共享和协同工作，是提升干扰效果的关键。

4.4.2.4 根据雷达形式和工作状态，确定干扰方式及干扰时机

针对不同类型的雷达系统（如警戒雷达、跟踪雷达、瞄准雷达等），需要根据其工作模式和雷达形式选择不同的干扰方式。常见的干扰方式包括噪声干扰、欺骗干扰和脉冲压缩干扰。

噪声干扰通过发射宽频带噪声信号，干扰敌方雷达的信号接收系统，降低其信噪比。适用于大范围的警戒雷达。欺骗干扰通过模拟虚假的回波信号，干扰敌方雷达对目标的识别和定位，适用于跟踪雷达和瞄准雷达，特别是在精确制导武器攻击中，能够大幅降低敌方的命中概率。脉冲压缩干扰通过高功率短脉冲信号干扰敌方雷达的脉冲压缩过程，降低其目标分辨能力，适用于 SAR 等高分辨率雷达。

干扰时机的把握对于干扰效果至关重要。不同的雷达系统在不同的工作状态下，其干扰效果也不同。对于正在搜索的雷达系统，可以选择在其扫频时段进行干扰；而对于已经锁定目标的跟踪雷达，可以在其跟踪稳定时施加更强的干扰。

其技术难点在于实时战术调整以及干扰信号与战术配合。在战场上，敌方雷达的工作状态和战术环境变化较快，如何根据战场形势动态调整干扰时机和方式，是雷达干扰操作中的技术难点。干扰信号的选择必须与己方作战任务相

匹配,避免干扰行动对己方作战造成不必要的影响。

4.4.2.5 检查干扰效果,保持及时而持续的干扰

干扰的最终效果需要通过实时监控和反馈机制进行验证,以确保所采取的干扰方式和时机达到了预期效果。干扰效果的评估通常包括以下方面。

一是敌方雷达的响应变化。干扰系统会监测敌方雷达的反应,判断其是否仍能有效探测、锁定或追踪目标。若雷达输出的信号发生显著变化,或雷达系统表现出失效或干扰迹象,则表明干扰取得了初步效果。二是目标探测能力评估。通过侦察机或其他电子监测平台,实时反馈敌方雷达对目标的探测能力。若敌方雷达无法检测到原本能够探测的目标,或者目标的定位精度下降,则表明干扰策略有效。三是干扰信号的持续性监控。现代战场中,敌方雷达可能会根据干扰信号的变化而调整其工作参数或启动反干扰措施。因此,干扰系统必须具备持续跟踪和评估干扰效果的能力。一旦检测到敌方采取反干扰措施,干扰系统需快速调整信号输出模式或干扰方式,以维持有效干扰。四是敌方雷达干扰强度评估。在高动态环境下,干扰可能对敌方的部分雷达造成临时压制,但随着敌方调整频率、改变天线方位等措施,干扰效果可能会减弱。因此,持续监控敌方雷达的工作状态变化,并根据实时信息优化干扰策略,是确保干扰持续有效的关键。

其技术难点在于复杂的战场环境适应性和协同作战中的干扰评估。在现代战场中,敌方雷达的反应极其复杂,且可能配备了多种抗干扰技术,如自适应滤波、频率跳跃等。如何在敌方反干扰措施影响下维持有效干扰,并通过动态反馈调整干扰信号,是雷达干扰面临的一大挑战。在多平台协同作战环境中,干扰效果的评估需要综合来自不同侦察设备和干扰设备的数据。而如何确保不同系统之间的协调,并及时调整干扰策略以响应战场变化,是实施干扰的一个难点。

以欺骗干扰为例给出实施欺骗干扰的一般流程,如图 4.5 所示。

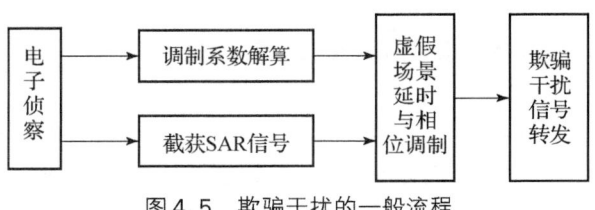

图 4.5 欺骗干扰的一般流程

干扰系统通过雷达侦察设备截获 SAR 信号,并结合电子侦察技术对 SAR 系统的几何参数、波形特性等进行深入分析。在掌握相关参数的基础上,对截获的 SAR 信号实施延迟和相位调制,生成具有真实回波特征的虚假场景信号。这些虚假信号在被转发到 SAR 系统后,与真实回波信号共同进入接收处理流程。通过二维成像和聚焦处理,SAR 系统最终得到包含虚假场景的图像,从而达到欺骗干扰的效果。

第5节 合成孔径雷达电子干扰方程

在对抗中,干扰机与雷达双方各有一定的优势。雷达采用双程信号传播模式,其工作原理是发射信号经过目标后散射回波返回雷达接收机。而干扰机采用单程工作模式,直接将干扰信号射向雷达接收机,无须依赖目标的散射回波。这种传播模式差异决定了干扰信号能够以更高的功率有效作用于雷达,从而对其探测和成像能力产生干扰。因此,在研究针对 SAR 的干扰原理时,系统性地分析干扰方程和干扰类型具有重要意义。

4.5.1 雷达干扰方程

雷达干扰方程是干扰系统设计和评估的重要理论工具,既用于初始设计阶段的参数选型,也在实际应用中用于确定干扰机的有效干扰范围(威力覆盖范围)。干扰系统的核心目标是通过压制敌方雷达的探测能力来保护己方目标,因此干扰方程需要同时考虑干扰机、雷达和目标三者之间的能量分布关系。这种能量关系反映了干扰信号与雷达目标回波信号之间的相互作用,决定了干扰系统的效能。

作为干扰装备设计的基础,干扰方程在参数设定中提供了明确的理论依据,涵盖干扰信号功率、天线增益、雷达接收灵敏度等关键因素。雷达干扰方程是设计雷达干扰装备,并检验、分析、评估其干扰效能的主要方程。干扰态势如图 4.6 所示。

根据图 4.6,可以推导出常规的雷达干扰方程,即

$$P_{rj} = \frac{P_j G_j G_{rj} \lambda^2 \eta}{(4\pi R_j)^2 L_j L_r L_1 L_{pol}} \tag{4.1}$$

式中:P_{rj} 为雷达接收到的干扰信号功率;P_j 为雷达干扰机发射功率;G_j 为干扰天线增益;G_{rj} 为干扰进入雷达的天线增益;R_j 为雷达与干扰机之间的距离;λ 为工

第 4 章　合成孔径雷达电子干扰技术

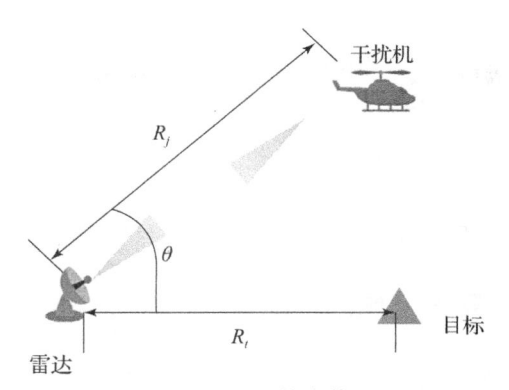

图 4.6　干扰态势

作波长；η 为雷达天线效率；L_j、L_r、L_1、L_{pol} 分别为干扰机发射损耗、雷达接收损耗、大气传输损耗、极化损耗。

4.5.2　合成孔径雷达干扰方程

SAR 在方位向采用了孔径合成技术，使受干扰图像中的每个像素点是正常回波的主瓣孔径合成效应与干扰信号的副瓣孔径合成效应（从截获概率的角度考虑，一般干扰机主要针对副瓣实施干扰）共同作用的结果，因此式（4.1）干扰方程中 G_{rj} 的取值必须考虑 SAR 天线副瓣的孔径合成效应，如图 4.7 所示。

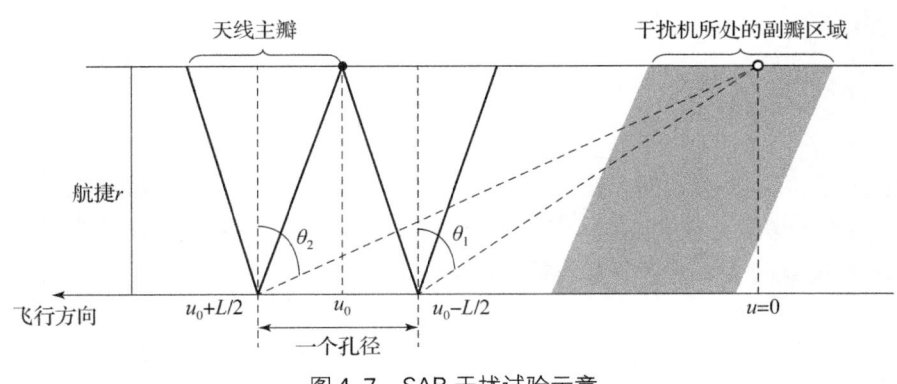

图 4.7　SAR 干扰试验示意

根据图 4.7，要合理、定量分析干扰机的干扰性能，常规干扰方程中的 G_{rj} 需要考虑一个孔径内的积累效应，避免依据方向图某一瞬时值进行分析的片面性。

省略推导步骤，直接给出 SAR 干扰方程可以近似表示为

155

$$P_{rj} = \frac{P_j G_j \bar{G}_{rj} \lambda^2 \eta}{(4\pi R_j)^2 L_j L_r L_1 L_{\text{pol}}} \quad (4.2)$$

式中：$\bar{G}_{rj}$ 为雷达副瓣的平均值。

另外，在 SAR 电子战中，SAR 一般为水平极化或垂直极化，干扰机一般为圆极化或 45°斜极化。双方在对抗中，载机飞行姿态变化以及 SAR 天线相对干扰机的方向变化等因素的影响，会造成收发天线之间极化失配因子的不断变化。

4.5.3 合成孔径雷达干信比

在对常规体制雷达的干扰中，随着目标与雷达的相互临近，目标的回波信号越来越强（与距离四次方成反比），雷达检测端的干信比也越来越低，目标在此过程中经历了被雷达检测不到检测到的一个历经，把目标处于被检测的临界距离称作烧穿距离，从干扰的角度也可称作压制距离。

在 SAR 对抗中，特别是侧视工作方式 SAR 对抗中，由于被成像区域在一段时间内与雷达之间的距离是不变的（除非入射角调整），干扰效果只随雷达相对干扰机之间的距离而变化，且干扰效果随着雷达相对干扰机之间的距离的缩短逐渐变强（实际上，由于天线方向图是呈起伏变化的，因此，随着 SAR 与干扰机距离的变化，干扰也呈现间歇性的强弱变化）。在此过程中，以干扰机为中心，会存在一个干扰保护区域，相应的距离称作干扰保护半径。

与常规体制雷达对抗类似，干信比是 SAR 干扰条件下实施检测的关键指标。可表示为

$$J/S = \frac{P_{rj} + P_n}{P_r} \quad (4.3)$$

式中：P_{rj} 为雷达接收到的干扰信号；P_n 为系统噪声；P_r 为雷达的目标回波信号。

如果考虑雷达检测端的干信比，则上述的各分量中隐含了 SAR 的二维处理增益，该增益的大小与各分量与雷达信号的匹配程度有关。

第 6 节 合成孔径雷达电子干扰技术可行性

SAR 作为一种现代的主动成像技术，广泛应用于军事侦察、环境监测、气象预报等领域。SAR 通过发射电磁波并接收返回的回波信号，结合移动平台的高速运动，利用合成孔径技术获取地面目标的高分辨率影像。特别是在军事领域，SAR 系统常用于探测地面、海面及空中目标，具有全天时、全天候的优势。然而，

随着 SAR 技术的广泛应用,敌方对其进行电子干扰和反制的需求也日益增加,干扰技术的研究与发展逐渐成为战略对抗中的关键一环。

本节将探讨不同平台上的 SAR 系统的干扰技术可行性,主要包括星载 SAR、机载 SAR、弹载 SAR 和地基 SAR,分析其各自的电子干扰特点、优势、挑战以及不同平台干扰系统的适用性。

4.6.1 对星载合成孔径雷达的干扰技术可行性

星载 SAR 具备全球覆盖能力,并能够进行大范围、高分辨率的地面探测[13]。然而,针对星载 SAR 的电子干扰技术具有其独特的技术优势和挑战。

4.6.1.1 技术优势与挑战

对星载 SAR 进行电子干扰的技术可行性,首先体现在雷达信号特性、发射功率和轨道特性等方面,然而,在实际操作中也面临着一系列挑战。

对星载 SAR 实施干扰的技术优势主要有三点:规律性信号与可预测轨道、高功率发射,以及较长的时间窗口。

一是规律性信号与可预测轨道。星载 SAR 的信号具有一定的规律性,通常使用线性调频信号,并且具有固定的重访周期。由于这些信号特性,干扰系统可以预测目标的活动周期,通过提前部署干扰资源来进行干扰。此外,星载 SAR 运行在低地球轨道,轨道特性具有较高的可预测性,这为干扰系统提供了预先计算和精确定位的优势。二是高功率发射。星载 SAR 通常使用较高的发射功率(数千瓦级),以实现大范围覆盖。这使 SAR 的信号在传播过程中具有较强的辐射能力,因此更容易被远距离侦察载荷截获,尤其在采用高增益天线的干扰系统中,能够在较远的距离进行有效的干扰。三是较长的时间窗口。星载 SAR 的轨道通常为可预测的,干扰系统可以根据轨道参数提前进行部署,使干扰的时机和强度更加精确。较长的干扰时间窗口为实施高效干扰提供了有利条件。

其技术挑战体现在信号短暂性与动态特性、窄波束与副瓣信号及抗干扰能力。

一是信号短暂性与动态特性。星载 SAR 的工作模式通常为按需开机,信号发射持续时间短(一般为几分钟),因此干扰系统必须具备快速响应能力和宽频带搜索能力,确保能够在短时间内识别并压制目标信号。此外,星载 SAR 常使用频率跳跃或捷变频技术以规避敌方干扰,这使干扰系统需要实时追踪其动态变化，以保持干扰效果。二是窄波束与副瓣信号。星载 SAR 的天线波束较窄，主瓣仅覆盖目标区域，副瓣信号较弱。干扰系统必须能够精确定位并对弱副瓣信号进行有效的干扰，这对干扰系统的灵敏度和定向能力提出了更高要求。三是抗干扰能力。由于星载 SAR 面临的威胁越来越多，其内部可能采用变频、频率跳跃等抗干扰措施来规避敌方干扰。反干扰技术的复杂性要求干扰系统能够适应多种抗干扰手段，提高干扰精度和效率。

4.6.1.2 各平台干扰系统对星载 SAR 的适用性

1）星载干扰载荷

星载干扰载荷相对于地面平台具有高度的战略优势，能够在轨道上对目标进行长期监控。然而，星载干扰系统的缺点是其实时性和灵活性不足，且由于能源和功耗的限制，难以在目标区域实现全天候覆盖。

2）机载干扰载荷

机载平台具有较强的机动性和灵活性，能够快速进入目标卫星的可见范围并实施干扰。机载干扰系统的优势在于其能够迅速响应目标信号变化，但受飞行高度和航程的限制，其覆盖范围较小，持续监控能力有限。

3）弹载干扰载荷

弹载干扰载荷适合用于针对星载 SAR 的精确干扰任务。通过发射导弹进入目标卫星的轨道范围内，能够迅速实施短时间的精确干扰。然而，弹载系统为一次性使用且成本较高，因此通常只用于高价值目标的短时间干扰。

4）地基干扰载荷

地基干扰平台通过部署高增益天线和分布式协同系统，能够在较大范围内接收并干扰星载 SAR 的信号。地基干扰系统具有较强的成本效益和持续干扰能力，能够通过多个站点协同工作进行精确的信号捕获和干扰施加，是当前对星载 SAR 干扰的主流方案。

4.6.2 对机载合成孔径雷达的干扰技术可行性

4.6.2.1 技术优势与挑战

机载 SAR 通常应用于战术级别的侦察任务，能够实时获取地面、海面以及空中目标的影像数据[16]。针对机载 SAR 的电子干扰技术面临着与星载 SAR 不同的技术挑战与优势。

对机载 SAR 实施干扰的技术优势主要有两点:高机动性与灵活性、较低的干扰阈值。

一是高机动性与灵活性。机载平台具有较强的机动性,能够在任务区域内灵活部署。干扰系统可以根据战场需求快速调整位置,并根据实时反馈调整干扰方案,以实现高效、精准的干扰。二是较低的干扰阈值。机载 SAR 的发射功率较低,通常为几十瓦到几百瓦,因此其信号的传输距离较短,相对较易被地面或近程平台截获并干扰。这一特点使机载 SAR 在电子对抗中具有相对较低的干扰阈值。

其技术挑战体现在短时间窗口与高度限制、环境因素干扰。

一是短时间窗口与高度限制。由于机载平台的飞行速度较快,干扰系统必须在非常短的时间内识别并攻击目标 SAR 的信号。此外,机载平台的飞行高度和速度也决定了其干扰范围的局限性,尤其是在对高速移动目标进行干扰时,挑战更为明显。二是环境因素干扰。机载 SAR 的电子对抗还需要面对来自复杂电磁环境和天候条件的挑战。例如,天气变化、其他电磁信号源的干扰等都可能影响机载干扰系统的效果。

4.6.2.2 各平台干扰系统对机载 SAR 的适用性

1)星载干扰载荷

虽然星载干扰系统可以提供较广泛的覆盖,但其对机载 SAR 的干扰效果受限于轨道覆盖和实时性问题。因此,星载干扰主要用于对机载 SAR 的长期监控和预警。

2)机载干扰载荷

机载干扰载荷对于机载 SAR 具有很高的适应性,能够在任务区域内迅速部署并实施干扰,提供实时反应能力。

3)弹载干扰载荷

弹载干扰载荷在特定任务中能提供精准的干扰,但由于其高成本和一次性使用的特性,一般用于对机载 SAR 的精确干扰。

4)地基干扰载荷

地基平台通过多站协同和高增益天线,能够在较大范围内实施干扰,尤其在固定目标的干扰中具有重要作用。地基干扰系统的覆盖面广、成本较低,因此在机载 SAR 的干扰任务中具有较高的实用性。

4.6.3 对弹载合成孔径雷达的干扰技术可行性

4.6.3.1 技术优势与挑战

弹载 SAR 是专门设计用于高精度战术任务的雷达系统,其平台较为灵活,能够根据战场需求快速部署,执行特定目标的侦察任务[12]。由于其短时间内对特定目标的精准监测能力,弹载 SAR 在敌方电子对抗中成为一项重要的技术挑战。

对弹载 SAR 实施干扰的技术优势主要有三点:高精度与灵活性、相对较高的功率密度,以及快速响应。

一是高精度与灵活性。弹载 SAR 系统通常具备较强的机动性和灵活性,能够针对特定目标进行高精度成像和侦察。由于其平台的低成本和快速反应能力,弹载 SAR 可以在战场环境中迅速调整姿态和工作模式。这使弹载 SAR 能够在短时间内提供重要的战术信息,成为敌方监视和打击的重点目标。二是相对较高的功率密度。与星载 SAR 和机载 SAR 相比,弹载 SAR 的发射功率密度较高。这意味着其信号的传播距离较短且较强,更易于被近距离的干扰设备捕捉和干扰。三是快速响应。弹载平台一般由导弹或其他快速飞行器承载,因此其响应时间非常短,可以根据战场上的突发情况迅速改变侦察目标或路径。这使干扰系统可以通过预测弹载 SAR 的飞行路径和工作模式,及时实施针对性的干扰。

其技术挑战体现在时间窗口的限制、高速度和高机动性、战术灵活性与电磁环境复杂性。

一是时间窗口的限制。弹载 SAR 通常以飞行器或导弹的形式部署,其信号的持续时间非常有限。这意味着干扰系统必须在短时间内完成对目标 SAR 信号的定位与干扰,因此,干扰载荷必须具备快速识别、分析并执行干扰任务的能力。二是高速度和高机动性。弹载 SAR 的快速机动特性使其干扰面临较大的挑战。在高速飞行时,干扰系统不仅要对快速变化的信号进行有效干扰,还要能够追踪其快速移动的轨迹,这对干扰系统的实时处理能力提出了较高要求。三是战术灵活性与电磁环境复杂性。在复杂的电磁环境中,弹载 SAR 可能面临多重干扰源的干扰,同时还需要应对来自其他敌方雷达或电子对抗设备的压制。因此,干扰系统不仅要具备强大的干扰能力,还要能够迅速适应变化的电磁环境,并提供灵活的应对策略。

4.6.3.2 各平台干扰系统对弹载 SAR 的适用性

1）星载干扰载荷

由于弹载 SAR 的目标范围较为局限且对精度要求较高，星载干扰载荷虽然具备广泛的覆盖能力，但对弹载 SAR 的干扰能力有限。星载干扰主要用于对弹载 SAR 的预警和战略性干扰，在实际的战术对抗中不一定具有定时反应能力。

2）机载干扰载荷

机载平台通过其机动性和灵活性，能够在弹载 SAR 飞行路径上进行有效干扰。机载干扰系统具有较强的时间响应能力，可通过快速调整位置和方向来对弹载 SAR 进行针对性的干扰，尤其是在高动态环境下非常有效。

3）弹载干扰载荷

弹载干扰载荷能够在战场上与目标弹载 SAR 同步进行干扰，尤其在敌方 SAR 进入特定区域时，可通过弹载平台进行精准干扰。弹载干扰系统的优势在于其对目标的高精度和快速响应能力，但由于其高成本和一次性使用特性，通常只适用于高价值目标。

4）地基干扰载荷

地基干扰系统通过多站协同和强大的天线阵列，能够对弹载 SAR 信号实施较强的干扰。尽管地基干扰系统的机动性较差，但其广泛的覆盖面和成本效益使其在长期监控和持续干扰方面具有明显的优势。尤其是在防空作战或防导弹作战中，地基干扰系统可以通过全方位的电子干扰与定位，压制敌方弹载 SAR 的侦察能力。

4.6.4 对地基合成孔径雷达的干扰技术可行性

4.6.4.1 技术优势与挑战

地基 SAR 系统通常部署在固定的位置，利用稳定的电力和高度集中的探测能力，进行长时间的地面目标成像与侦察。尽管地基 SAR 的机动性相对较差，但其强大的成像能力和全天候工作特性使其在目标识别和监视中具有无可比拟的优势。针对地基 SAR 的干扰技术面临着不同于其他平台的挑战和技术要求。

对地基 SAR 实施干扰的技术优势主要有三点：稳定的工作条件、较强的信号强度、高精度定位与成像。

一是稳定的工作条件。地基 SAR 设备部署在相对稳定的环境中,能够在固定的地点长时间进行连续监控。这为干扰系统提供了可预测的目标环境,能够在较长时间内进行干扰和反制。二是较强的信号强度。由于地基 SAR 不受平台限制,能够使用更强的发射功率,从而提高了其信号的探测能力。强大的信号强度使敌方电子对抗系统能够在远距离内捕捉到目标信号并进行干扰。三是高精度定位与成像。地基 SAR 通常配备较大尺寸的天线,能够提供高分辨率的成像能力。这使其在目标识别和监控中具有较大的优势,为干扰系统提供了准确的干扰对象定位。

其技术挑战体现在固定部署的缺陷、受到地形与环境限制、防空与电子干扰的双重威胁。

一是固定部署的缺陷。地基 SAR 的固定部署意味着其无法迅速改变位置以应对突发的战术变化。此外,固定位置也使其容易成为敌方干扰的目标。二是受到地形与环境限制。地基 SAR 的工作效果受地形、气候等环境因素的影响较大,恶劣天气或复杂地形可能会对其信号的传播和接收产生影响。因此,干扰系统需要克服这些环境挑战,以确保其干扰效果不受影响。三是防空与电子干扰的双重威胁。地基 SAR 作为固定平台,往往面临来自敌方空中打击和电子干扰的双重威胁。针对这种威胁,干扰系统不仅要具备高效的反干扰能力,还需要提供足够的防空能力来保护其免受敌方攻击。

4.6.4.2　各平台干扰系统对地基 SAR 的适用性

1)星载干扰载荷

星载干扰载荷由于其远程定位能力,可以对地基 SAR 实施战略性的干扰。尽管星载平台的干扰能力较为有限,但其优势在于能够覆盖广泛的地区,并为地基 SAR 提供预警干扰。

2)机载干扰载荷

机载平台由于其较强的机动性,能够快速接近地基 SAR 并实施精准干扰。尤其是在敌方防空力量较强的情况下,机载干扰系统能够通过快速突击来压制地基 SAR 的信号。

3)弹载干扰载荷

弹载干扰系统的特点是快速和高效,能够对地基 SAR 实施高精度的干扰。然而,弹载干扰系统的高成本和单次使用特性,使其更多地用于高价值目标,而非广泛的长期干扰。

4）地基干扰载荷

地基干扰系统无疑是对地基 SAR 进行干扰的最直接方式，具有覆盖广泛、持续性强和成本效益高的优势。通过部署多个地基干扰站点，可以实现对地基 SAR 的全方位干扰，尤其是在复杂的战场环境中，能够提供更为可靠的干扰效果。

在针对不同平台 SAR 的电子干扰技术可行性分析中，我们可以看到，每种平台的 SAR 系统都有其独特的优势与挑战。星载 SAR、机载 SAR、弹载 SAR 和地基 SAR 的干扰技术不仅依赖平台本身的特性，还与战术需求、电磁环境、干扰系统的灵活性和精准性等因素密切相关。在实际的电子对抗中，地基干扰系统凭借其较强的覆盖能力、成本效益和持续干扰能力，仍然是目前主要的对抗方式。

练习题

一、单项选择题

1. 合成孔径雷达（SAR）的主要成像依赖以下哪种技术？（   ）
   A. 宽带噪声干扰   B. 合成孔径技术
   C. 激光束反射   D. 红外扫描

2. 以下哪种干扰方式主要通过覆盖敌方雷达的接收频段以降低信噪比？（   ）
   A. 欺骗性干扰   B. 压制性干扰
   C. 频率跳变干扰   D. 伪目标干扰

3. 以下哪种干扰系统最适合用于对星载 SAR 进行干扰？（   ）
   A. 地基干扰载荷   B. 机载干扰载荷
   C. 弹载干扰载荷   D. 水下干扰载荷

4. 在 SAR 的电子干扰方程中，哪个参数决定干扰信号的有效辐射强度？（   ）
   A. 工作频率   B. 天线增益
   C. 信号带宽   D. 雷达回波功率

二、多项选择题

1. 以下哪些是压制性干扰的典型实现方法？（   ）
   A. 宽带噪声干扰   B. 频率跳变干扰
   C. 窄带阻塞式干扰   D. 伪目标生成

2. 对星载 SAR 的干扰技术有哪些关键挑战？（　　）

A. 信号短暂性　　　　　　　B. 轨道预测困难

C. 副瓣信号较弱　　　　　　D. 电磁环境干扰强

三、填空题

1. 欺骗性干扰的核心原理是通过模拟_____特性，使雷达系统误认为虚假回波为真实目标。

2. 压制性干扰主要通过降低 SAR 的_____比，使其接收到的信号特征模糊。

3. 在 SAR 干扰中，_____技术用于快速调整干扰信号的频率以适应目标雷达的动态变化。

四、判断题

1. 噪声干扰可以直接损毁敌方雷达接收机，因此属于毁伤性干扰。

2. 地基干扰系统适合对高动态环境中的机载 SAR 进行实时干扰。

3. 弹载干扰系统适合用于对星载 SAR 的长期持续干扰任务。

五、简答题

1. 为什么压制性干扰被认为是现代电子对抗中重要的技术之一？请结合其基本原理和应用场景分析。

2. 简述 SAR 干扰技术与传统雷达干扰技术的主要区别。

六、计算题

在 SAR 干扰中，若干扰机的发射功率为 50W，天线增益为 30dB，雷达接收灵敏度为 -90dBm，干扰机与雷达之间的距离为 10km，计算干扰信号的接收功率（忽略其他损耗）。

七、开放题

设计一种针对机载 SAR 的综合干扰方案，考虑使用压制性干扰与欺骗性干扰结合，说明其优点及潜在的技术难点。

参考文献

[1] 蔡幸福,高晶. 合成孔径雷达侦察与干扰技术[M]. 北京:国防工业出版社,2018.

[2] 吴晓芳,代大海,王雪松,等. 合成孔径雷达电子对抗技术综述[J]. 信号处理,2010,26(3):424-435.

[3] 张瑞,李晨轩,张劲东,等. 雷达有源干扰的多域特征参数关联智能识别算法[J]. 信号处理,2024,40(3):524-536.

第4章 合成孔径雷达电子干扰技术

[4] 邓宝.对SAR的干扰压制区计算模型[J].系统工程理论与实践,2008,28(1):151-155.
[5] 陈晓英.雷达有源干扰多域对抗若干问题研究[D].西安:西安电子科技大学,2023.
[6] 唐波.合成孔径雷达的电子战研究[D].北京:中国科学院研究生院(电子学研究所),2005.
[7] 王雪松.合成孔径雷达微动干扰[M].北京:科学出版社,2016.
[8] 胡泽宾.SAR干扰技术综述[J].雷达科学与技术,2024(4):369-376.
[9] 赵博.合成孔径雷达欺骗干扰方法研究[D].西安:西安电子科技大学,2015.
[10] 李兆弘,徐华平,段书航,等.基于干涉相位的SAR有源欺骗干扰检测的性能分析[J].雷达学报,2024,13:1-10.
[11] 唐波,郭琨毅,王建萍.合成孔径雷达三维有源欺骗干扰[J].电子学报,2007,35(6):1203-1206.
[12] 李亚超,王家东,张廷豪,等.弹载雷达成像技术发展现状与趋势[J].雷达学报,2022,11(6):943-973.
[13] 罗广成,李修和,金家才,等.对星载SAR压制式干扰掩护区仿真建模研究[J].系统仿真学报,2014,26(4):769-773.
[14] 朱良,禹卫东,郭巍.星载SAR的噪声干扰分析[J].数据采集与处理,2011,26(3):314-319.
[15] 赵忠臣,刘利民,解辉,等.基于DRFM的雷达有源干扰信号识别算法综述[J].电光与控制,2024,31(4):65-74.
[16] 唐波,王卫延.对机载SAR进行方位向瞄准式干扰的研究[J].现代雷达,2005,27(12):21-24.
[17] 张顺生,陈爽,王文钦.面向数字射频存储的雷达欺骗干扰检测方法[J].国防科技大学学报,2024,46(2):174-181.
[18] 刘辛雨.低截获概率雷达信号设计方法研究[D].成都:电子科技大学,2023.

第5章 合成孔径雷达对抗实战应用

合成孔径雷达(SAR)作为一种高精度成像技术,广泛应用于军事侦察、目标监测、气象预报等多个领域[1-3]。在实际应用中,SAR 的对抗性特征逐渐显现,特别是在军事冲突中,如何通过侦察和干扰 SAR 来实施有效的电子对抗,已成为现代战争中的关键[2]。本章将详细分析 SAR 在对抗中的实战应用,探讨 SAR 在军事和民用领域的侦察与干扰案例,分析对抗系统的设计考虑,并对未来发展趋势进行展望。

第1节 典型案例分析

5.1.1 军事对抗中的合成孔径雷达侦察与干扰

军事对抗中的 SAR 侦察与干扰涉及现代战争中雷达系统的生死较量,特别是在高端作战环境中,SAR 作为一种关键的侦察与打击工具,常常成为对抗的焦点[1]。SAR 的电子对抗主要体现在两个方面:一是通过 SAR 侦察来实时掌握敌方的动向和目标;二是通过对敌方 SAR 的干扰、欺骗与压制,阻止敌方的侦察。

5.1.1.1 SAR 侦察的应用

SAR 侦察系统通常部署在卫星、飞机、无人机等平台上,能够不受天气、光照、地形等因素的影响,进行全天候、全方位的目标侦察[4-9]。例如,美国的 AN/APS-133 机载雷达系统,即用于海上监视和目标探测,它通过合成孔径技术生成高分辨率的雷达图像,用于监控敌方海上活动,尤其是在防空区域中,通过 SAR 侦察技术追踪敌方舰船和潜艇的运动轨迹。

在地面作战中，SAR 还被用于军事目标的识别和打击。例如，在海湾战争中，联军利用 SAR 技术对伊拉克防空系统进行定位，并结合 GPS 进行精确打击。通过对 SAR 成像数据的分析，能够准确判定敌方防空雷达的方向和距离，从而精确地实施反制措施。

5.1.1.2　SAR 干扰技术

在现代战争中，SAR 的干扰技术被广泛应用于抗制敌方侦察系统，防止敌方利用 SAR 进行侦察和打击[6]。电子对抗（ECM）技术通过发射扰乱性强的电磁波，破坏敌方 SAR 系统的信号处理和图像形成能力。

例如，"闪电"战术电子干扰系统（如美国的 EA-18G"咆哮者"电子战机），能够在敌方 SAR 工作频段内进行强烈的电子干扰，破坏敌方雷达图像的形成，并使其失去目标识别能力。在冲突中，这种干扰手段通常通过掩蔽、欺骗和干扰等技术手段进行综合施压，尤其是通过发射高功率的伪信号或噪声，使敌方 SAR 的处理系统陷入困境。

另一个典型的案例是伊拉克战争中的雷达干扰。在战争初期，美国空军使用了多种高功率干扰设备，成功压制了伊拉克的大部分雷达和 SAR 系统，使其失去了监视能力，从而大幅削弱了敌方的防空能力，帮助联军取得了空中优势。

5.1.1.3　SAR 的反侦察与反干扰技术

除了侦察和干扰，SAR 的反侦察和反干扰技术也至关重要[6,9-11]。为了避免被敌方侦察，现代 SAR 系统采用了频率跳跃、信号编码、抗干扰技术等手段来增强隐蔽性和抗干扰能力。反干扰技术常通过调整频率、功率、波形等参数来应对敌方干扰，使 SAR 系统在复杂的电磁环境下依然能够保持高效的工作。

例如，雷达对抗系统采用复杂的变频技术，能够在受到敌方干扰时迅速调整工作频率和波形，从而避免长期暴露在敌方干扰环境中。这些技术的应用不仅提高了 SAR 的存活能力，也使反侦察作战得以更具战略性。

5.1.2　民用领域的对抗应用

在民用领域，SAR 不仅在气象监测、灾害评估和环境监测中有着广泛应用，其对抗性应用也日益引起重视[10]。随着全球卫星覆盖网络的扩展，越来越多的民用 SAR 系统在全球范围内提供高清晰度的地面图像，这些图像对地面活动具有高度的敏感性，在某些情况下，可能被用来监控重要的军事设施和战略目标，甚至成为国家间对抗的工具。

5.1.2.1 民用 SAR 的反制技术

民用 SAR 系统虽然主要用于非军事目的，但其强大的探测能力在某些地区可能被军事力量用于敌对目的。为应对这一威胁，许多国家已开始发展反制措施。例如，通过电子干扰技术对民用 SAR 的信号进行遮蔽，或通过"反××武器"进行物理打击，破坏敌方的民用卫星。这些反制手段的背后通常涉及先进的电子战技术和空间防御能力。

此外，针对可能被滥用的民用 SAR 系统，国家间还会采取策略性加密措施，对民用卫星的信号进行加密，防止敌方通过简单的截获和分析进行反制。

5.1.2.2 国际协议与规范

为避免 SAR 技术在民用领域中的滥用，国际社会正在推动有关卫星与雷达监测的法律法规和国家标准的制定。例如，国际电信联盟（ITU）和联合国空间事务办公室（UNOOSA）针对空间活动和卫星干扰等问题，发布了相关国际规范与标准。这些规范规定了 SAR 卫星的运营标准、频率管理以及如何在冲突时避免民用卫星技术的滥用等。

第 2 节 对抗系统设计考虑

5.2.1 系统架构

在设计 SAR 对抗系统时，系统架构的合理性是决定对抗效果的关键[5]。一个典型的对抗系统架构应包括四个主要部分：侦察系统、分析与定位系统、干扰系统、反干扰与抗压制系统[11-15]。

侦察系统通常由雷达卫星、无人机等平台以及侦察载荷等组成，具备对目标 SAR 信号的侦察能力。侦察系统不仅需要高效捕获敌方 SAR 信号，还需要对敌方的波形、频率和工作模式进行实时分析，为干扰系统的设计提供有效的数据支持。

分析与定位系统通过高效的信号处理技术，快速分析并定位敌方 SAR 系统的位置、频率和工作状态。分析系统包括信号处理、目标识别、数据融合等多个子系统,通过实时数据分析生成敌方 SAR 的精确定位图,为干扰系统提供精确的打击目标[16]。

干扰系统是对抗系统的核心部分,能够通过发射高功率干扰信号来对敌方 SAR 系统进行压制。干扰系统根据敌方 SAR 的工作频段、波形特征以及工作模式,精确选择适当的干扰技术(如噪声干扰、伪信号干扰、频率跳跃干扰等),并实现定时定点的干扰。

为了提高对抗系统在复杂电磁环境中的生存能力和作战效能,需要配备反干扰和抗压制系统。这些系统可以通过自适应技术、频率跳跃、波形加密等手段,降低自身暴露的风险,同时增强在复杂电磁环境下的抗干扰能力。

5.2.2 设计原则

设计 SAR 对抗系统时,以下几个原则应得到严格遵守。

(1)全方位监控与定位:SAR 对抗系统应具备强大的侦察与定位能力,通过多平台协同工作,实现对敌方 SAR 的全方位监控[14-15]。只有具备全面的监视能力,才能实时捕获敌方 SAR 信号,进而进行精准干扰。

(2)动态响应与自适应能力:SAR 对抗系统需要具备高度的灵活性与自适应能力,能够快速响应敌方 SAR 的频率变化、波形变化以及干扰策略的变化。系统应能够实时调整工作模式,保持对敌方 SAR 的有效打击。

(3)高效的信号处理与分析能力:为实现精准干扰,信号分析系统必须具备高效的实时处理能力,能够快速分析并提取敌方 SAR 的信号特征。信号处理和分析系统不仅要进行基本的频率、幅度和时域特性提取,还需要实现复杂的波形识别和调制解调技术,以确保能够在高密度、复杂的电磁环境中进行有效的信号分类与分析。

(4)多层次协同作战能力:SAR 对抗系统应具有多平台协同作战的能力,包括地面、空中、海上及空间平台的协同作战。不同平台之间的数据共享与协同操作可极大提高干扰效果与反干扰能力。例如,地面干扰平台通过高增益天线和大功率干扰设备提供持续的干扰,空中平台可提供机动性强、响应快速的干扰,空间平台则可以提供全局性的监控与定位支持。

(5)可扩展性与模块化设计:SAR 对抗系统应采用可扩展的架构,以应对不断变化的战术需求与技术挑战。系统应当具备模块化设计,便于根据任务需要对干扰模块、侦察模块和反干扰模块进行替换或升级,提升系统的适应性和灵活性。

5.2.3 实施策略

SAR对抗的实施策略是指如何在实际作战中有效地执行SAR侦察和干扰任务。实施策略的设计需要考虑到敌方SAR的工作模式、敌我电磁环境的变化,以及各种干扰手段的相互配合。

5.2.3.1 战术部署与任务规划

对抗系统的实施首先需要精确的战术部署和任务规划[6]。针对不同类型的SAR平台,制定差异化的侦察与干扰策略。例如,对于地面部署的SAR系统,可能需要采用低空飞行的无人机平台实施干扰;对于卫星平台,则可能依赖地面干扰站进行持续压制。任务规划应基于敌方SAR的运行轨迹、侦察频率以及可能的干扰策略来优化任务分配。

5.2.3.2 综合电子战作战

SAR对抗不仅依赖干扰技术,还需要与其他电子战手段进行协同。例如,电子对抗系统(ECM)和电子支援系统(ESM)的结合,使干扰系统能够实时获取敌方雷达的工作状态,并根据敌方反应采取不同的干扰措施。在复杂战场环境中,综合电子战手段可以有效破坏敌方SAR的工作效率,使其在关键时刻失去侦察能力。

5.2.3.3 实时评估与反馈机制

实施过程中,实时评估与反馈机制至关重要。干扰系统的效果需要通过实时反馈来进行调整和优化。例如,当敌方SAR系统检测到干扰并做出频率跳跃时,干扰系统必须立即调整其干扰频率并维持高效的干扰效果。此外,侦察系统需要通过快速分析敌方的反应来判断干扰是否成功,并根据战场环境的变化进行战术调整。

第3节 未来发展趋势

5.3.1 新技术应用

随着科技的不断进步,SAR对抗技术也在不断发展[1]。新技术的应用将使

SAR对抗更具高效性、隐蔽性和智能化,以下是一些可能的技术发展趋势。

5.3.1.1 人工智能与机器学习的应用

人工智能(AI)和机器学习(ML)技术在SAR对抗中的应用日益显现。AI技术能够通过大量的战术数据学习和分析,帮助对抗系统实时调整策略,并在敌方变换频率、波形或干扰方式时做出迅速反应。例如,利用机器学习算法,干扰系统可以更精准地识别敌方雷达的变化规律,并通过预测算法调整干扰策略,极大地提高干扰的有效性和抗压制能力。

此外,机器学习还可用于对大量信号数据的实时分析,自动识别敌方SAR的工作模式、波形特征,并提供精确的干扰目标。这使对抗系统得以更迅速、更准确地定位敌方SAR,并进行有效地压制。

5.3.1.2 高性能计算与大数据分析

随着对抗作战信息量的增加,SAR对抗系统需要更强大的计算能力来处理大量的信号数据和实时信息。高性能计算(HPC)和大数据分析技术的应用,将使干扰系统能够实时处理来自不同平台的大规模数据集,并快速识别潜在威胁。例如,通过云计算平台进行多站点协同作战,可以提高数据共享与分析效率,从而优化干扰系统的执行。

5.3.1.3 量子技术在SAR对抗中的应用

量子计算和量子通信技术的进步也为SAR对抗带来了革命性的变化。量子技术能够在数据加密、信号处理和反干扰方面提供更加安全和高效的解决方案。量子加密技术可能成为防止敌方截获和干扰SAR信号的关键手段,量子传感器则可能用于提供更高精度的定位和干扰反馈。

5.3.1.4 实时评估与反馈机制

电磁隐身技术,特别是在SAR对抗中的应用,正在成为未来发展的重要趋势。通过采用先进的隐身材料和反射控制技术,未来的SAR平台可能具备更强的抗侦察能力。例如,采用频率选择性涂层和多波段反射材料,能够使SAR平台的信号难以被敌方雷达侦测。结合电磁波的调制技术和隐身材料的应用,未来的SAR对抗系统可能会更加隐蔽且拥有更高的生存能力。

5.3.2 面临的挑战

尽管新技术的应用为 SAR 对抗带来了诸多机遇,但同时也伴随着一系列挑战。以下是目前及未来可能面临的挑战。

5.3.2.1 电磁环境的复杂性

随着雷达系统和干扰技术的不断发展,电磁环境变得越发复杂[6,12]。敌方 SAR 的频率范围不断扩展,波形变得越来越复杂,增加了干扰和反干扰的难度。同时,现代战场中电子对抗手段多种多样,干扰源众多,使 SAR 对抗系统在多变的电磁环境下需要更强的适应性和实时响应能力。

5.3.2.2 高速机动平台的侦察与打击

在现代战场中,许多 SAR 系统部署在高速机动平台上,如高超声速飞行器、无人机等。这些平台具备较强的机动性,极大提高了对抗中的复杂性。针对这些高速机动平台进行精准的侦察与干扰,需要对抗系统具备超高的反应速度和实时调度能力,同时还需要考虑如何在高速、低轨道和复杂环境下进行有效的干扰。

5.3.2.3 跨域协同作战

未来的 SAR 对抗将不再局限于单一平台,而是需要实现跨域协同作战。如何在不同平台(如空间、空中、地面、海上)的协同作用下,进行高效的信息共享和任务分配,是未来技术发展的一大挑战。此外,跨域作战中如何有效结合电子侦察、电子攻击和反制技术,也将成为决定战斗胜负的关键。

5.3.2.4 技术反制和反侦察能力的提升

随着反制技术和反侦察技术的不断进步,未来的 SAR 对抗系统将面临更为复杂的敌方反制手段。敌方可能会使用更加智能化的反干扰技术,包括反射干扰、频率跳跃、频谱盲区技术等。因此,如何增强 SAR 对抗系统的反侦察和反干扰能力,保证其在强大的干扰下依然能够高效运行,是技术研发中的一大挑战。

SAR 的对抗应用是现代战争和电子战领域中的一个重要课题。随着技术的进步,SAR 对抗将变得更加智能化、高效化和隐蔽化。然而,随着对抗技术和电子战手段的不断升级,SAR 对抗也将面临更为复杂的挑战。为了应对这些挑战,必须持续推动技术创新和跨领域的协同合作,从而实现对现代复杂电磁环境的有效应对。

练习题

一、填空题

1. 合成孔径雷达(SAR)干扰技术主要通过破坏 SAR 的_____和_____,使其图像无法形成或失真。

2. SAR 反侦察技术中常用的策略包括_____跳跃和信号_____技术,能够增强系统的抗干扰能力。

3. 在现代战场上,SAR 对抗系统需要通过_____处理和实时反馈来快速调整干扰策略,确保干扰效果的持续性。

二、单项选择题

1. SAR 的主要对抗方式包括以下哪一项?(　　)
   A. 频谱分析和目标识别　　　B. 侦察、干扰与反干扰
   C. 热成像与光学监测　　　　D. 数据加密与网络防御

2. 以下哪种策略属于 SAR 系统的反干扰技术?(　　)
   A. 发射伪目标信号　　　　　B. 动态频率跳跃
   C. 高功率噪声干扰　　　　　D. 信号屏蔽技术

3. 针对敌方高速机动平台的 SAR 侦察与干扰,最关键的技术需求是(　　)
   A. 大功率电磁波发射器　　　B. 超高实时响应能力
   C. 高分辨率光学系统　　　　D. 多平台信号接收器

4. 未来 SAR 对抗技术的重要发展方向不包括以下哪一项?(　　)
   A. 人工智能与机器学习的应用　B. 量子加密与量子传感技术
   C. 多波段光学干扰技术　　　　D. 高性能计算与大数据分析

三、多项选择题

1. SAR 侦察与干扰的主要平台有哪些?(　　)
   A. 卫星　　　　　　　　　　B. 无人机
   C. 地面干扰站　　　　　　　D. 潜艇声呐系统

2. SAR 干扰技术的典型手段包括哪些?(　　)
   A. 噪声压制干扰　　　　　　B. 信号伪造干扰
   C. 电磁隐身技术　　　　　　D. 激光反射干扰

四、判断题

1. SAR 干扰的主要目标是完全屏蔽敌方的 SAR 信号,使其无法探测目标。
2. 在民用领域,SAR 系统的对抗性应用可以通过国际协议进行有效规范。
3. 跨域协同作战在 SAR 对抗中主要指不同平台(如空中、地面、空间)之间的数据共享与协作。

五、简答题

1. 简述 SAR 干扰的核心原理及其主要应用场景。
2. 简述未来 SAR 对抗技术面临的主要挑战。

六、计算题

已知某 SAR 系统的工作频率为 10GHz,干扰系统发射功率为 100W,天线增益为 20dB,距离为 5km,计算干扰信号的接收功率(自由空间传播)。

七、开放题

1. 设计一种基于 AI 技术的 SAR 对抗系统架构,分析其优点及可能的技术瓶颈。
2. 结合具体案例,分析 SAR 反制技术在未来电子对抗中的作用。

参考文献

[1] 张锡祥,肖开奇,顾杰. 新体制雷达对抗论[M]. 北京:北京理工大学出版社,2020.
[2] 高勋章,张志伟,刘梅,等. 雷达像智能识别对抗研究进展[J]. 雷达学报,2023,12(4):696-712.
[3] 张晓玲,师君,韦顺军. 三维合成孔径雷达[M]. 北京:国防工业出版社,2017.
[4] 李亚超,王家东,张廷豪,等. 弹载雷达成像技术发展现状与趋势[J]. 雷达学报,2022,11(6):943-973.
[5] 鲁加国. 合成孔径雷达设计技术[M]. 北京:国防工业出版社,2017.
[6] 阿达米. 电子战原理与应用[M]. 北京:国防工业出版社,2011.
[7] 张纯学,徐逸梅. 合成孔径雷达将应用于无人机[J]. 飞航导弹,2005(3):44.
[8] 张继贤,杨明辉,黄国满. 机载合成孔径雷达技术在地形测绘中的应用及其进展[J]. 测绘科学,2004,29(6):3.
[9] 于小岚,熊伟,韩驰,等. 天基信息支援装备体系作战效能评估方法研究[J]. 系统仿真学报,2023,35(11):2429-2444.
[10] 黄世奇,王善成. 微波遥感 SAR 军事探测技术研究[J]. 飞航导弹,2005(4):13-16.
[11] 阮航,崔家豪,毛秀华,等. SAR 目标识别对抗攻击综述:从数字域迈向物理域[J]. 雷达学报,2024,13:1-29.
[12] 李宏. 合成孔径雷达对抗导论[M]. 北京:国防工业出版社,2010.
[13] 高丹,吴晓芳,温志津. 生成式对抗网络在 SAR 图像处理中的应用综述[J]. 兵器装备工程学报,

第5章　合成孔径雷达对抗实战应用

2024,45(4):10-21.

[14] 张兰,张彪,梁天一,等.面向电磁信息智能控制的生成对抗网络研究进展[J].系统工程与电子技术,2025,47(3):730-744.

[15] 王建明.面向下一代战争的雷达系统与技术[J].现代雷达,2017,39(12):1-11.

[16] 阮航,崔家豪,毛秀华,等.SAR目标识别对抗攻击综述:从数字域迈向物理域[J].雷达学报,2024,13:1-29.

练习题参考答案

第1章 绪论

一、填空题

1. 相对、积累

2. 雷达子系统、平台与数传子系统、地面数据处理子系统

3. 测距、测角、测速

4. 全天时和全天候成像、几何分辨率与传感器高度及波长无关、微波波段的独有信号数据特性

二、单项选择题

1. C 2. A 3. B

三、判断题

1. 正确

2. 错误（SAR数据传输链路通常包括中继卫星与地面站之间的链路，这是一种常见的传输方式）

3. 错误（普通航空摄影以可见光或红外光作为照射源，而SAR使用电磁波通常以微波波段作为照射源）

四、简答题

1. SAR是一种成像雷达，通过雷达装载平台和被观测目标之间的相对运动，在积累时间内，将雷达在不同空间位置上接收到的宽带回波信号进行相干处理，获得目标的二维图像，完成高分辨率成像任务。

2. 全天时、全天候成像能力——不依赖光照条件，不受天气影响。高分辨率能力——分辨率不受传感器高度的影响，通过合成孔径技术和脉冲压缩技术实现二维高分辨率成像。微波波段穿透能力——能够在一定程度上穿透植被、伪装和浅表层地下目标。

3. SAR在军事领域的应用价值。

军事情报获取：高分辨率成像能力可用于侦察部队部署、设施布局等。

动目标检测：通过提取目标的多普勒频率偏移，实现对战场动态目标的检测。

军事测绘:用于绘制高精度地形图,为战场部署和指挥提供地理信息支持。

复杂环境探测:微波波段穿透特性有助于识别伪装目标和地下设施。

这些应用依托 SAR 全天时、全天候的成像能力,以及分辨率不受高度影响的技术特性。

4. SAR 对抗包括以下方法。

干扰雷达传感器:通过地基或空基干扰机对 SAR 系统发射的电磁波进行干扰,影响其成像效果。

干扰数据传输链路:截获和破坏 SAR 数据传输链路信号,阻断数据传输。

干扰地面数据处理系统:通过网络对抗技术或物理摧毁,干扰地面站数据处理流程。

示例:在实战中,可使用欺骗干扰技术向 SAR 系统发送伪目标信号,使其图像出现虚假信息,延迟敌方决策。

五、综合分析题

答案:SAR 对抗技术通过干扰 SAR 系统的成像能力,延迟或破坏敌方情报获取流程,在电子战中具有重要作用。具体表现在以下方面。

削弱敌方侦察能力:通过压制干扰或欺骗干扰,使敌方无法获取真实战场情报,减缓其决策速度。

保护己方目标:利用干扰和欺骗技术掩盖己方真实位置与部署,降低被敌发现的风险。

提升战场优势:通过摧毁敌方 SAR 系统的关键部件(如地面站或中继卫星链路),直接削弱敌方作战能力,争取战场主动权。

这种多层次的对抗方式,使 SAR 对抗成为现代电子战的重要组成部分。

第 2 章　合成孔径雷达系统组成与工作原理

一、填空题

1. 天线系统、发射系统、接收系统
2. 星载 SAR、机载 SAR、弹载 SAR
3. 条带模式、聚束模式、马赛克模式
4. 透视收缩、顶底位移、雷达阴影
5. 点目标、面目标

二、单项选择题

1. C　2. D　3. C　4. C

三、判断题

1. 错误(SAR 的方位向分辨率与天线的合成孔径长度有关,而非仅由天线的实际物理长度决定,合成孔径通过雷达运动实现)

2. 正确

3. 正确

4. 正确

四、简答题

1. 星载 SAR:覆盖范围广,适合全球监测,分辨率较低。

机载 SAR:灵活性强,分辨率较高,适合局部区域侦察。

弹载 SAR:实时性强,适合飞行中制导和高精度目标打击。

地基 SAR:高精度形变监测,适用于小范围观测和安全预警。

2. 聚束模式:分辨率高,适合精细成像,但覆盖范围小。

条带模式:覆盖范围大,适合广域监测,但分辨率较低。

五、综合分析题

1. 透视收缩:导致斜坡长度在图像中被压缩,影响实际地形的比例判定。可通过地形校正恢复比例。

顶底位移:顶部和底部的回波顺序被颠倒,可能导致误判地物位置。可采用多视角成像或后处理校正。

雷达阴影:在复杂地形中形成无回波区域,遮挡目标。可通过不同角度的 SAR 数据合成减少阴影区域。

2. SAR 通过平台运动合成大孔径,方位向分辨率与目标距离无关,而传统雷达受限于天线孔径和距离。

例如,在地震后的地表形变监测中,SAR 利用干涉测量技术精确捕捉毫米级位移,这是传统雷达所无法实现的。

六、计算题

解答:

方位向分辨率:$\Delta R_{方位} = \dfrac{\lambda}{2} = \dfrac{0.03}{2} = 0.015\text{m}$

斜距分辨率:$\Delta R_{斜距} = \dfrac{c}{2B} = \dfrac{3 \times 10^8}{2 \times 500 \times 10^6} = 0.3\text{m}$

答:方位向分辨率为 0.015m,斜距分辨率为 0.3m。

第3章　合成孔径雷达电子侦察技术

一、填空题

1. 截获目标信号、分析信号特性、提取目标参数
2. 全球覆盖、长时间持续监控
3. 特征提取、威胁评估
4. 侦察接收机与 SAR 的距离、天线方向性
5. 电子情报侦察、电子支援侦察、寻的与告警、引导干扰、引导杀伤性武器

二、单项选择题

1. A　2. B　3. B

三、判断题

1. 错误（时延与信号传播距离直接相关，距离越远时延越大，这也是测距的基础之一）
2. 正确
3. 错误（天线极化会显著影响信号截获效果，匹配的极化天线才能更高效地截获目标信号）

四、简答题

1. 基本特点：全天候、隐蔽性强、作用距离远。

核心挑战：信号复杂性高、目标高动态性、多普勒效应和抗干扰性强。

2. 最佳选择是地基侦察载荷。理由是基侦察载荷具有长时间工作能力和分布式协同技术，适合捕捉机载 SAR 周期性活动信号，并提供精确定位。可补充选择机载载荷，用于动态捕获短时目标信号。

3. 主要作用：评估侦察系统性能，分析影响侦察的关键参数。

核心参数：目标距离、信号功率、天线增益、接收灵敏度等。

目标距离：影响信号的传播损耗，距离越远，信号衰减越大，侦察精度和范围会降低。

信号功率：决定了信号的强度，较高的功率能够提高接收信号的强度，从而扩大侦察范围。

天线增益：提高接收信号的能力，增益越大，天线对目标的探测能力越强，从而提高分辨率和准确性。

接收灵敏度：决定了侦察系统能够检测到的最弱信号强度，灵敏度越高，能够在更远距离或更复杂环境下有效侦察。

这些核心参数共同决定了系统的最大侦察范围、分辨率和准确性。

五、计算题

1. 使用公式 $P_r = \dfrac{P_t G_t G_r \lambda^2}{(4\pi R)^2}$，代入数据得：

信号功率 $P_r = -73.3\text{dBm}$。

最大侦察距离 $R_{\max} \propto \sqrt{P_t G_t G_r}$，结果为480km。

2. 已知轨道高度500km，地基天线高度50m，使用公式 $d = \sqrt{2r(h_1+h_2)}$，代入数据得：

直视距离 $d = 80\text{km}$。

影响：直视距离限制了侦察覆盖范围，需使用多站协同技术提升效果。

第4章 合成孔径雷达电子干扰技术

一、单项选择题

1. B 2. B 3. A 4. B

二、多项选择题

1. A、C 2. A、C

三、填空题

1. 目标信号 2. 信噪 3. 频率跳变

四、判断题

1. 错误（噪声干扰通过降低信噪比影响雷达性能，非直接损毁）

2. 错误（地基干扰系统在固定目标干扰中更有效，高动态环境需机载或弹载干扰）

3. 错误（弹载干扰系统适合短时间高强度干扰任务）

五、简答题

1. 压制性干扰通过向雷达接收机注入强干扰信号，降低目标信号的信噪比，使雷达难以有效探测和成像。这种方式在现代电子对抗中非常重要，因为它能够在不直接破坏设备的情况下显著削弱敌方的雷达探测和识别能力，广泛应用于压制敌方警戒雷达、跟踪雷达以及瞄准雷达等多种场景。

2. SAR的干扰技术与传统雷达干扰技术的主要区别在于前者需要针对SAR的高分辨率成像特性，重点干扰其相位和幅度一致性，同时利用其对误差积累的敏感性设计精准干扰策略；而传统雷达干扰通常着眼于干扰其探测能力，例如通过噪声干扰或欺骗干扰扰乱其目标锁定。

六、计算题

解答：

使用自由空间传播公式：$P_r = \dfrac{P_t G_t G_r \lambda^2}{(4\pi R)^2}$

已知：$P_t = 50\text{W}, G_t = 10^{(30/10)} = 1000, R = 10000\text{m}$，

假设：$\lambda = 0.03\text{m}$

计算得：$P_r \approx 7.957 \times 10^{-9}\text{W} \approx -81\text{dBm}$

说明干扰信号能够覆盖雷达接收灵敏度。

七、开放题

答案要点：

方案设计：利用压制性干扰降低 SAR 图像质量，同时通过伪造虚假目标干扰 SAR 图像的真实性；使用机载平台实时监控和调整干扰信号。

优点：双重干扰手段有效降低 SAR 探测能力，机载平台高机动性适应动态战场环境。

技术难点：需要实时调整干扰信号参数，干扰设备需具备高带宽和高功率输出能力，伪造目标信号需匹配 SAR 的相位和频率特性。

第 5 章　合成孔径雷达对抗实战应用

一、填空题

1. 信号处理、成像过程

2. 频率、加密

3. 信号

二、单项选择题

1. B　2. B　3. B　4. C

三、多项选择题

1. A、B、C　2. A、B

四、判断题

1. 错误（干扰目标可能是破坏图像质量，而非完全屏蔽信号）

2. 正确

3. 正确

五、简答题

1. SAR 干扰的核心原理是通过发射干扰信号,干扰 SAR 的回波接收和信号处理过程,破坏其成像能力。主要应用场景包括军事冲突中的电子对抗(如干扰敌方侦察系统),民用领域的反制措施(如阻止非授权的高分辨率监测)。

2. 未来的主要挑战包括:电磁环境复杂性增加,干扰系统需要更强的适应性;高速机动平台的干扰难度加大;敌方频率跳跃和复杂波形技术的反制;如何在多域协同作战中实现高效的资源整合与实时数据共享。

六、计算题

解答:

使用公式: $P_r = \dfrac{P_t G_t G_r \lambda^2}{(4\pi R)^2}$

$\lambda = \dfrac{c}{f} = \dfrac{3 \times 10^8}{10 \times 10^9} = 0.03 \mathrm{m}$

已知 $P_t = 100\mathrm{W}, G_t = 10^{(20/10)} = 1000, R = 5000\mathrm{m}$

可得 $P_r \approx \dfrac{100 \times 100 \times 100 \times (0.03)^2}{(4\pi \times 5000)^2} \approx 9.54 \times 10^{-8} \mathrm{W} \approx -70\mathrm{dBm}$

因此,接收功率约为 $-70\mathrm{dBm}$。

七、开放题

1. 答案要点:

系统架构:包括 AI 驱动的信号分析模块、实时频率跳跃干扰模块、自适应策略生成模块。

优点:实时性高,自动调整干扰策略;适应复杂电磁环境;提高干扰与反干扰效果。

瓶颈:需要高性能计算支持,复杂电磁环境下的信号分类可能面临误差,AI 模型的训练数据可能不足。

2. 答案要点:

案例:伊拉克战争中的 SAR 干扰;反制技术(如频率跳跃与信号加密)通过增强系统隐蔽性和抗干扰能力,提高对复杂战场环境的适应性;未来随着量子加密技术和隐身材料的发展,反制技术将在电子对抗中扮演更加重要的角色。